leykam: *seit 1585*

Marc H. Hall

MUTIG, ABER
REALISTISCH GEGEN
DIE KLIMAKATASTROPHE

leykam: STREITSCHRIFT

ISBN 978-3-7011-8194-0

www.leykamverlag.at

Die Drucklegung des vorliegenden
Bandes wurde unterstützt durch:

Bundesministerium
Kunst, Kultur,
öffentlicher Dienst und Sport

INHALT

Vorwort   **6**

1. Reden wir über den Klimawandel und nicht über schlechtes Wetter   **7**

2. Das wissenschaftliche Modell des Klimawandels erklärt die Ursachen, nicht die Lösungen   **21**

3. Über Kohlenstoffsenken, die sprudeln sollten, und Kohlenstoffquellen, die nicht versiegen wollen   **38**

4. Der Kampf zur Rettung des Klimas wird im Energiesektor gewonnen – oder verloren   **55**

5. Wir schließen die technologischen Lücken in der Energiegewinnung oder wir greifen ganz tief in die Naturlandschaften ein   **72**

6. Wie viel Zeit bleibt uns noch – und wie gehen wir das jetzt an?   **97**

VORWORT

Eine Streitschrift erhebt nicht den Anspruch, die einzige, unverrückbare Wahrheit zu vertreten. Dann gäbe es keinen Streit mehr.

Mein Wissen, meine Erfahrungen und Erkenntnisse rund um den Klimawandel stammen aus der Industrie und aus der Versorgungswirtschaft mit Kernkraft, Kohle, viel Erdöl, noch mehr Erdgas, Fernwärme, Wasserkraft, Windenergie, Photovoltaik, Geothermie, Biomasse und CO_2-Abscheidung.

In Führungsaufgaben habe ich in Unternehmen an Technologieentwicklungen, an der Transformation und an der Dekarbonisierung der Energieträger gearbeitet.

Unternehmensstrategien und Klimapolitik sind nicht immer stringent und fehlerfrei. Ohne so manchen Fehler wären wir mit dem Klimaschutz schon weiter, aber noch lange nicht am Ziel.

Energieunternehmen haben mich über Jahrzehnte für meine Arbeit bezahlt. Nicht für diese Arbeit.

Ich hoffe, Sie finden darin Anregungen zur Debatte.

Marc H. Hall

1. REDEN WIR ÜBER DEN KLIMA-WANDEL UND NICHT ÜBER SCHLECHTES WETTER

Über die Tatsache des globalen Klimawandels gibt es nichts mehr zu streiten. Die Lufttemperatur ist einfach zu messen, und seit Jahrzehnten zeigen die Thermometer steigende Werte. Es wird wärmer auf unserem Planeten.

Der Temperaturanstieg wird durch Treibhausgase in der Atmosphäre verursacht. Die Messung des Kohlenstoffdioxidanteils (CO_2) in der Luft ist ebenfalls keine große wissenschaftliche Herausforderung. Zusätzlich kennen wir das weltweite Volumen der verbrauchten Brennstoffe relativ genau, und die Anzahl der Verbrenner (Kraftwerke, Autos, Heizungen) nimmt ständig zu. Damit steigt der CO_2-Anteil in der Atmosphäre. Und das ist nicht gut.

Worüber sich jedoch trefflich streiten lässt, ist die Frage, wie genau und in welchem Ausmaß der Mensch mit seinen Emissionen in bestimmten Zeiträumen zur Klimaerwärmung beiträgt. Über den Treibhauseffekt von CO_2 und anderen Gasen wird intensiv geforscht. Die Wissenschaft leistet gute Arbeit, indem sie umfangreiche

Forschungsarbeiten vorlegt, sie zusammenzuträgt, sie bewertet und für die politischen Entscheidungen aufbereitet. Je besser wir den Klimawandel verstehen, je mehr wir über – und für – unser Klima streiten, umso besser werden wir den Wandel kontrollieren und steuern.

Der heftigste Streit entbrennt rund um die Frage, wie die CO_2-Emisssionen reduziert und wie der CO_2-Anteil in der Atmosphäre rückgängig gemacht werden sollen. Nicht das Ob! Das ist unstrittig. Sondern das Wie. Darüber muss ganz dringend gestritten werden.

Trotzdem reden alle vom Wetter.

Mein hochverehrter Professor für Hydrologie hat es mir als Student an der Universität immer wieder eingetrichtert: »Bitte verwechseln Sie nicht das Klima mit dem Wetter. Das sind zwei völlig verschiedene Paar Schuhe.«

Ich versuche es mit einem gastronomischen Vergleich. Das Wetter wäre dabei nur eine einzelne Mahlzeit: das Menü 1 in der Kantine, ein vegetarischer Eintopf oder Austern schlürfen mit Champagner. Das kann sehr variabel sein. Klima steht dem gegenüber für die gesamte Ernährung, beginnend mit der Muttermilch bis zum Kartoffelbrei am Lebensende. Dazwischen viele Schnitzel oder viel Gemüse. Es steht für die Herkunft und Aufbereitung der Nahrung, den Stoffwechsel durch Verdauung und Atmung und die Ausscheidung und Einbringung der Stoffe in einen neuen Kreislauf. Das alles wäre – im gastronomischen Vergleich – das Klima.

Ich beginne trotzdem mit dem Wetter.

Doch anstatt nur über das Wetter zu reden, muss ich auch dringend über das Reden reden. Denn wie immer wir uns der Klimafrage nähern, die Kommunikation darüber ist entscheidend für unsere Meinungen und unser Handeln; unabhängig von allen Messwerten, physikalischen Zusammenhängen und wissenschaftlichen Erklärungen.

Meine Großmutter brauchte zum Erkennen und Verstehen etwas länger, und ich bezweifle, ob sie es jemals richtig verstanden hat. Nicht den Klimawandel, den kannte sie noch nicht, sondern das mit der Veränderung des Wetters. Oder vielmehr den Wandel in der Kommunikation über das Wetter.

»Das Wetter wird immer verrückter!«, sagte Oma immer wieder, und sie wurde fortdauernd in ihrer Meinung bestärkt, je mehr sie davon erfuhr und je mehr sie darüber nachdachte.

Das Wetter zu beobachten und vorausschauend einzuschätzen, war für sie ein wichtiger Bestandteil ihres Lebens. Als junges Mädchen arbeitete sie als landwirtschaftliche Helferin. Sie kannte die Mühen der Getreideernte im Sommer unter der glühenden Sonne, wenn sie den ganzen Tag auf dem Feld geschnittene Ähren und Stroh zusammentrug. Das verstand sie, und sie konnte sich darauf einstellen. Mit entsprechender Kleidung, mit kalten Getränken, und wenn immer möglich, den Schatten suchen.

Das Wetter wurde trotzdem immer verrückter. Anfang der 1950er-Jahre war ihr Dorf von einem Jahrhunderthochwasser überschwemmt worden. Weil daraufhin ein Hochwasserdamm zur Donau gebaut wurde, blieb ihr Haus danach verschont. Aber die Hochwässer kamen immer häufiger, die Überflutungen wurden heftiger. Gleichzeitig Dürren und Waldbrände, die sie noch nie erlebt hatte. Und Schneelawinen, die ganze Siedlungen wegrissen und viele Menschen das Leben kosteten. Mitte der 1960er-Jahre erlebte Oma zum ersten Mal, mitten im August, Schnee in riesigen Mengen, und im Dezember gingen die Menschen bei brütender Hitze schwimmen.

Das Wetter wurde immer verrückter. Und was war die Ursache? Oma hatte sich von ihrem mühsam gesparten Geld einen Fernseher gekauft. Natürlich nur schwarzweiß, was anderes gab es damals nicht. Ein Fixpunkt in ihrem täglichen

Leben war für sie die Nachrichtensendung am Abend. Mit größtem Interesse verfolgte sie die Wetterberichte. Von Kriegen, irgendwo in der Welt, wollte sie nichts wissen. Sie hatte selbst einen miterlebt. Berichte über starke Regenfälle, Hochwasser und Überflutungen, Hitzeperioden, Dürren oder Missernten verfolgte sie aufmerksam. Diese verstand sie. Diese bewegten sie, und ihre Wetterfühligkeit hatte sich inzwischen globalisiert. Verrückt: Während des europäischen Winters feierten die Australier Weihnachten am Strand, und während bei ihr Sommer war, fiel in den südamerikanischen Anden Schnee. Auch die Vorhersagen des TV-Wetterexperten für den nächsten Tag waren für Oma »immer falsch!«.

Also nicht immer. Manchmal stimmte die Prognose mit dem angekündigten sonnigen Tagesverlauf oder den fallweisen Regenschauern überein. Aber eben nicht auf die Stunde genau, wenn sie ihre Wäsche zum Trocknen ins Freie hing. Auch nicht genau an dem Ort, an dem sie sich gerade befand.

Die Treffsicherheit der Wettervorhersage hat sich seither nicht wesentlich verbessert, denn die Anforderungen an eine exakte Wetterprognose sind heute herausfordernder. An einem strahlenden Sonnentag kann es für einen

Stromnetzbetreiber spannend werden, wenn gerade zur Mittagszeit der städtische Stromverbrauch seine Spitze erreicht und eine dunkle Wolke sämtliche Solarmodule der Stadt beschattet. Dafür muss ein Kraftwerk in Bereitschaft gehalten werden. Die Ausfälle aus der Stromeinspeisung der Solarmodule müssen in Minutenschnelle durch Verbrennung von Kohle oder Gas ausgeglichen werden, um das sonst zusammenbrechende Stromnetz zu stabilisieren.

Besser geht es den Berichterstattern. Weil schlechte Nachrichten für Medienmacher gute Nachrichten sind, findet sich immer ein heftiger Regenfall, eine Überschwemmung, ein Erdrutsch, eine Schneeverwehung, ein Hurrikan, eine Dürre oder ein Waldbrand; täglich irgendwo ein gemessenes Maximum oder Minimum. Mit der Verbreitung von Videokameras auf Mobiltelefonen werden Unwetter heute vielfältiger und beeindruckender unter die Leute gebracht. Eine amateurhaft ruckelnde Aufnahme verleiht dem Bericht von einem Hochwasser ein Spannungselement, das jeden Regisseur verzückt. Mit der Zunahme von Drohnenaufnahmen spielender Kinder oder Erwachsener werden in der Zukunft die Unwetter auf der Welt noch einmal an Dramatik zunehmen – zumindest in der Berichterstattung.

Und die Erklärung für die Malaise ist rasch zur Hand: Das ist der Klimawandel.

Tatsache ist: Die globale Mitteltemperatur hat sich seit dem Ende des 19. Jahrhunderts um ein Grad Celsius erhöht. In kontinentalen Gebieten beträgt die Temperaturerhöhung etwas mehr, im Nordatlantik sind die Temperaturen gesunken.

Bei einer globalen Temperaturerhöhung um ein Grad innerhalb eines halben Jahrhunderts könnte man annehmen, dass das gesamte Wetter darauf reagiert. Tatsächlich und wissenschaftlich seriös verfolgt ist das nicht eindeutig.

Eine klare Veränderung gibt es bei den Sommertemperaturen in fast allen Regionen der Welt. Sie sind angestiegen, und die Hitzetage häuften sich in den letzten Jahren. Unsere Sommer sind wärmer geworden, vor allem in den Städten, wo viel Beton, Stahl und Glasfassaden die Hitze speichern.

Die Bandbreite, in der wir die Temperatur als angenehm empfinden, ist unterschiedlich. Meine Frau besteht darauf, dass Briten definitiv ein anderes Kälteempfinden haben. Nicht nur die Briten. Männer und Frauen in Edinburgh und Liverpool empfinden angenehme Temperaturen anders als jene in Berlin und Wien, Rom und

Athen. Und das ist nur die europäische Dimension. Zwischen Alaska und Libyen liegen noch ganz andere – temperaturspezifische – Empfindlichkeiten.

Die höheren Sommertemperaturen haben eine ernste Seite. Hitzetage im Sommer führen bei älteren und kranken Menschen zur Erschöpfung und mitunter zum Tod.

Gegen die Sommerhitze kann und soll man etwas unternehmen: Kühlung suchen, mehr Wasser trinken und die entsprechende Kleidung wählen. Wir müssen unsere Städte kleinklimatisch besser ausstatten, um Temperaturspitzen erträglicher zu gestalten. Mit Wasserflächen, Bäumen, Parks. Das schafften maurische Architekten in Andalusien für die Paläste der Oberschicht schon vor mehr als 1000 Jahren.

Die Häufigkeit von Dürren hat in den letzten 100 Jahren global gesehen nicht dramatisch zugenommen. Die Wissenschaftler stellen regionale Dürrezyklen fest, die von den ozeanischen Zyklen bestimmt werden. In den USA stammen die Temperaturrekorde und die außergewöhnlichen Dürren aus den 1930er-Jahren. In den letzten Jahrzehnten sind sie seltener geworden, und die Auswirkungen können durch Bewässerung begrenzt werden. Die dürrebedingten Hungersnöte

in der Sahelzone in den 1970er- und 1980er-Jahren
haben sich nicht kontinuierlich verstärkt. Der
Sahelregen nahm in den 1990er-Jahren wieder
zu. Die Dürren werden in Zukunft wieder auftreten. Dafür müssen entsprechende lokale Vorkehrungen, unabhängig von der Bekämpfung des
Klimawandels, ergriffen werden.

Durch die Temperaturerhöhung und die damit höhere Wassersättigung in der Atmosphäre
sollten Regen und Starkregen zunehmen. Eine
kontinuierliche Steigerung an Regentagen, Re-
genmengen, Heftigkeit oder umgekehrt das Aus-
bleiben von Regenfällen lässt sich mit der globalen Temperaturerhöhung bisher nicht vollständig
synchronisieren. Dazu ist der Beobachtungszeit-
raum noch zu gering.

Anders ist das bei Waldbränden. Diese nehmen ebenfalls nicht kontinuierlich zu, aber die
Ursache für die Brände ist in über 90 Prozent
der Fälle der Mensch. Einzelne Menschen, welche die Feuer anzünden, nicht die Menschheit,
die weltweit Wohnungen, Fahrzeuge und Kraftwerke anheizt und die Treibhausgase vermehrt.
In den europäischen Mittelmeerstaaten sind
die immer wiederkehrenden Brandstiftungen
von Spekulanten durch konsequente Strafver-
folgung und internationale Zusammenarbeit bei

der Brandbekämpfung zurückgegangen. In den USA haben Aufklärungskampagnen für Waldbesucher die Anzahl der fahrlässig verursachten Waldbrände deutlich verringert. Trotzdem erhöht sich das Zerstörungspotenzial, weil mehr Häuser in brandgefährlichen Gebieten errichtet werden.

Besonders spektakuläre Wettererscheinungen sind die tropischen Wirbelstürme, die sich über dem Meer bei Tiefdruck bilden. Höhere Durchschnittstemperaturen – und damit mehr Energie in der Atmosphäre – sollten die Anzahl und die Heftigkeit der Wirbelstürme befeuern. Niederschmetternde Berichte zeigen große Verwüstungen in der Karibik oder in den USA, wie durch den Hurrikan Katrina im August 2005, der mit seinen Sturmwellen große Teile des Stadtgebiets von New Orleans unter Wasser setzte. Die Nachrichtensender in den USA haben dafür als eindeutige und einzige Ursache den Klimawandel ausgemacht, obwohl die Anzahl und die Heftigkeit der tropischen Wirbelstürme weltweit nicht gestiegen sind. Sicher ist, dass in erster Linie die ärmeren Viertel von New Orleans überflutet wurden. Die Pflege und Verbesserung der technischen Vorkehrungen der Stadt gegen Sturmfluten hätten vielen Menschen das Leben gerettet.

In der Karibik ist das Bild noch dramatischer: Je ärmlicher die Verhältnisse der Menschen sind, umso heftiger werden sie vom gleichen Sturm getroffen als die Reichen.

Versicherungen erwarten in den USA einen Anstieg der Schadenssummen durch die zukünftigen Wirbelstürme. Das liegt nicht am vermehrten Auftreten der Wirbelstürme oder an ihrer Heftigkeit, sondern an der zunehmenden Besiedlung von gefährlichen Küstengebieten. Der mondäne Bauboom an schönen Strandabschnitten, wo die Wirbelstürme regelmäßig an Land gehen, erhöht das Potenzial von Sturmschäden an Häusern und Menschen. Das offeriert den Versicherungen attraktive Prämien, aber stattliche Zahlungen im Schadensfall.

Mit Tornados, kleineren senkrecht rotierenden Luftwirbeln, habe ich meine eigenen Erfahrungen gemacht. Jahrzehntelang war ich neidisch auf meine Mutter, die Anfang der 1960er-Jahre in Niedersachsen eine Windhose erlebt hatte, wie sie auf einem Feld frisch geschnittenes Stroh in sich aufsaugte. Leider hatte sie ihre Kleinbildkamera nicht mit dabei. Nachdem Tornados in Europa eher selten auftreten, tröstete ich mich, dass es nicht jeder Generation gegeben ist, ein solches Wetterphänomen zu beobachten, so wie nicht jeder eine wolkenfreie totale Sonnenfinsternis erlebt.

Aber ich hatte Glück. Bei einer Energiekonferenz in Dubrovnik im Juni 2011 sah ich auf dem Meer eine Windhose, eigentlich eine Wasserhose, bedrohlich direkt auf das Hotel zukommen. Sehr schlank auf Wasserhöhe, aber mit einem gewaltigen Trichter, der bis in die Wolken reichte. Ich hatte Zeit, das Ganze zu fotografieren, bevor der Tornado vom Hotel und von der Altstadt abdrehte und sich in Richtung offenes Meer bewegte. Der nächste Tornado streifte mich im Juli 2017 in unmittelbarer Nähe des Flughafens in Wien-Schwechat. Ich brachte mein Auto gerade noch zum Stehen, um die Windhose zu fotografieren und mich rasch wieder ins Auto zu setzen, bevor ein Hagelschauer das Dach und die Motorhaube mit Dellen wie bei einem Golfball verzierte – durch Hagelkörner in der gleichen Größe wie ein Titleist Pro V1.

Meine persönliche statistische Steigerung von zwei dokumentierten Tornados gegenüber nur einem von meiner Mutter wird wissenschaftlich bestätigt. Mit der steigenden Bevölkerung, mit der Verbesserung der Beobachtungstechnik kommt es zu einer Häufung von Meldungen von Windhosen. In Deutschland kann in Zukunft mit bis zu 60, in Österreich mit bis zu zehn Tornados unterschiedlicher Stärke pro Jahr gerechnet werden. Das ist spektakulär, aber das ist nicht der Klimawandel.

Klarer Indikator des Klimawandels ist der Rückgang der Gletscher in den Alpen – womit ein Teil der in den letzten Jahren gewonnenen Energie aus Wasserkraft keine erneuerbare Energie war. Der Rückgang der Vereisung der Arktis in den Sommermonaten ist eine Folge des Klimawandels, nicht der dokumentierte Tod eines einzelnen Eisbären. Ihre Population nahm durch vermehrte Rücksichtnahme und Jagdverbote in den letzten Jahrzehnten wieder zu.

Der bisherige – vom Menschen gemachte – Klimawandel mit einem Temperaturanstieg von einem Grad Celsius innerhalb von 100 Jahren ist messbar. Für den Menschen ist eine solche Temperaturänderung nicht wahrnehmbar. Zur Illustration des Klimawandels müssen daher in der Berichterstattung extreme Wetterereignisse herhalten.

Das Wetter ist in seiner Natur vielfältig und manchmal unberechenbar in seinen Ausprägungen. Gegen schlechtes Wetter können wir uns schützen, so wie gegen andere starke Naturereignisse. Der Klimawandel ist etwas ganz anderes.

Dagegen helfen nur langwierige, weitgehende, globale Maßnahmen und große zivilisatorische Anstrengungen.

☞ Was können Sie tun?

Don't panic!

Folgen Sie Ihren Instinkten und bleiben Sie bei Verstand. Für die Maßnahmen gegen den Klimawandel brauchen Sie beides. Genießen Sie das schöne und das miese Wetter in seiner Veränderlichkeit. Stellen Sie sich auf warme und kalte Tage ein und variieren Sie Ihr Leben.

Wenn Sie ein Haus bauen oder eine Wohnung erwerben, dann nicht dort, wo tropische Wirbelstürme an Land gehen.

Meiden Sie preisgünstige Überflutungsgebiete von Flüssen, vor allem, wenn flussaufwärts oder -abwärts der Hochwasserschutz verbessert wurde. Irgendwo muss der Fluss bei Hochwasser über die Ufer gehen. Dort sollte Ihr Haus nicht stehen.

Wenn Sie noch rauchen, bitte nicht im Wald. Werfen Sie dort keine brennende Zigarette weg. Damit retten Sie sich und den Wald. Noch nicht den Planeten.

2. DAS WISSENSCHAFTLICHE MODELL DES KLIMAWANDELS ERKLÄRT DIE URSACHEN, NICHT DIE LÖSUNGEN

Der Treibhauseffekt unserer Atmosphäre ist eigentlich eine feine Sache. Er sorgt dafür, dass die kurzwellige Lichtstrahlung der Sonne durch die Atmosphäre kommt, sich die Erde erwärmt und die abstrahlende, langwellige Wärmestrahlung gehindert wird, ins Weltall zurückzugelangen. Also nackte Haut und Pullover zugleich. Dadurch ist es auf der Erde für Menschen, Tiere und Pflanzen angenehm warm. Ohne diese Treibhausatmosphäre wäre es auf der Erde im Durchschnitt minus 18 Grad kalt. Der Mond, ohne Atmosphäre, kommt auf minus 55 Grad. Die Venus mit ihrer perfekten CO_2-Atmosphäre kommt auf plus 460 Grad. Dort schmilzt Blei unter normalen atmosphärischen Bedingungen.

Wer sein Auto in der prallen Sonne parkt und einsteigt, der weiß, was ein Treibhauseffekt ist.

Wasserdampf und Kohlenstoffdioxid sind die wichtigsten Treibhausgase. Wasserdampf (H_2O) ist für mehr als 60 Prozent der Treibhauswirkung verantwortlich, CO_2 für über 20 Prozent. Dazu kommen noch Methan (CH_4), Lachgas (Distickstoffmonoxid, N_2O) und Ozon (O_3).

Die generelle Aussage ist simpel: Je mehr Wasserdampf, CO_2 und Methan in der Atmosphäre sind, umso stärker ist der Treibhauseffekt, umso wärmer wird es.

Um genauere Voraussagen über die zukünftige Entwicklung des Klimas zu treffen, schafft sich die Wissenschaft Werkzeuge: Sie konstruiert Modelle. Diese sind nicht die reale Welt, sondern ein verkürztes und komprimiertes Abbild eines isolierten Teils der Welt. Naturwissenschaftliche Modelle haben allgemein eine höhere Zuverlässigkeit als Modelle in den Sozial- und Wirtschaftswissenschaften. Moleküle, Naturkonstanten und physikalische Grundkräfte verhalten sich mitunter gesetzmäßiger als Arbeiter, Investoren und Konsumenten.

Es gibt inzwischen eine große Anzahl von Klimamodellen: sehr einfache Modelle, die einen groben Einblick in mögliche Tendenzen geben, und differenzierte Modelle, die versuchen, spezifische Aspekte des Klimas abzubilden.

Nachdem die größere Fläche der Erde aus Meeren besteht und der Wärmeaustausch mit Wasser schneller geht als mit Berg- und Landmassiven, wird den Ozeanen und ihren Zyklen in den neueren Modellen mehr Aufmerksamkeit gewidmet.

Bevor ein Modell zuverlässige Aussagen liefert, muss es durch die Variation der Parameter auf Herz und Nieren geprüft werden. Mir fällt ein Beispiel ein, bei dem sich das gewählte mathematische Modell nicht bewährt hat.

In Deutschland wurden die Daten der Krebserkrankungen von Kindern in der Umgebung von Kernkraftwerken in einem Modell verarbeitet. Eine sehr ernste Fragestellung mit einer verantwortungsvollen Absicht. Der damalige Umweltminister Sigmar Gabriel beauftragte die Strahlenschutzkommission mit der Bewertung. Obwohl die Strahlung in der Nähe von AKWs ständig gemessen und für unbedenklich erklärt wird, war es sinnvoll, die Daten von krebserkrankten Kindern mit dem Abstand der Wohnung zum Kernkraftwerk zu analysieren. Die erste Analyse zeigte einen klaren Zusammenhang zwischen der Nähe zum Kernkraftwerk und der Häufigkeit von Krebserkrankungen bei Kindern. Bei der Auswahl der Standorte wurden auch solche untersucht, an denen Kernkraftwerke zwar geplant waren, aber nie gebaut wurden. Das Ergebnis war das gleiche. Das erzeugte Skepsis. Es funktionierte auch, wenn man den Kölner Dom oder die Allianz

Arena in München in den Mittelpunkt der Datenanalyse stellte. Hier stimmte etwas nicht. Das Ziel der Datenanalyse war berechtigt und legitim. Die Aussagen waren aufgrund eines falsch gewählten mathematischen Modells nicht haltbar.

Bei den Klimamodellen entwickelt sich die Zuverlässigkeit beständig weiter, je mehr Einwände und Ergänzungen dazu angemeldet und berücksichtigt werden. Sie werden nicht perfekt, aber zuverlässiger.

Besonders großen Aufwand bereitet die Einbeziehung der historischen Klimadaten, denn Temperaturmessungen gibt es nur für die klimatisch betrachtet kurze Phase der letzten 150 Jahre. Man muss auf andere Methoden zugreifen, um die historischen Temperaturverläufe abzuschätzen. In der ersten Näherung wurde die langfristige Temperaturentwicklung wie ein Eishockeyschläger dargestellt: also eine lange, konstante Gerade mit einem scharfen Anstieg in den letzten 100 Jahren. Ein Modell halt. Kritiker stürzten sich mit Begeisterung auf die Darstellung.

Aus der Industrie war mir die Hockeyschlägerkurve bereits vertraut – aus der Absatzplanung von Produkten und der Gewinnentwicklung von Unternehmen. War der Absatz eines Produkts bisher verhalten, mit einer neuen Strategie würde sich das komplett ändern. Der Verkauf und die Gewinne würden in Zukunft durch die Decke knallen. Diese Form der Darstellung unterstützte meist den Investitionswunsch des zuständigen Produktmanagers oder einen Investmentbanker, der ein Unternehmen mit Gewinn verkaufen wollte.

Beim langfristigen Temperaturverlauf verhält sich die Hockeyschlägerkurve genau umgekehrt. Der aktuelle Anstieg der Temperatur ist gesichert. Aber wieso soll die prähistorische Vergangenheit so langweilig monoton gewesen sein? Die Natur schwingt viel lieber, als sich auf geraden Linien zu bewegen.

Wenn wir mit dem Fahrrad geradeaus fahren, schwanken wir, kaum spürbar, von einer Seite zur anderen, um das Gleichgewicht zu halten. Wir fahren mit dem Rad ja nicht auf Schienen. Und selbst Schienenfahrzeuge schwanken entlang einer Sinuskurve, wenn sie geradeaus fahren.

Was den Temperaturverlauf der Erde betrifft, wissen wir, dass es Warmzeiten und Kaltzeiten auf unserem Planeten gab. Selbst seit der letzten Eiszeit, die vor rund 10.000 Jahren zu Ende ging, gab es Temperaturschwankungen über mehrere Jahrhunderte. Das sollte so gut wie möglich in die Modellierung einbezogen werden, schließlich wird damit eine Zukunftsprognose erstellt. Schlecht kalibrierte und nicht reagible Modelle neigen dazu, falsche Prognosen abzugeben.

Ein Beispiel dafür ist der Ende der 1960er-Jahre berühmt gewordene Club of Rome mit seiner Publikation »Die Grenzen des Wachstums«. Der renommierte Club war der erste, der Computer zur Berechnung von Prognosen verwendete, und er bestimmte die politische Debatte entscheidend. Fast alle seine Vorhersagen hatten nachträglich eines gemeinsam: Sie waren falsch. Die Reserven an Bodenschätzen auf unserem Planeten sollten in kürzester Zeit zu Ende gehen. 1979 würden wir kein Gold mehr finden, die Erdölreserven wären 1990 ausgeschöpft, alles Erdgas 1992 verbraucht, und so gut wie alle Metalle, außer Eisen und Aluminium, wären ab 2005 nur noch in gebrauchten Industriewaren zu finden.

Verschätzt hatte man sich vor allem bei der Entwicklungs- und Erfindungsgabe der menschlichen Zivilisation. Aber genau dieser Zivilisation hatte der Club of Rome seine Empfehlungen gegeben: weniger Ressourcen ausbeuten, weniger wachsen, weniger konsumieren, viel weniger Kinder bekommen und die menschliche Gesellschaft auf dem bestehenden Wohlstandsniveau stabilisieren.

Selbst wenn die Abschätzung der Reichweite der Bodenschätze richtig gewesen wäre, zu den daraus abgeleiteten Forderungen gab es Alternativen. Was soll in unserer Welt weniger, was soll mehr wachsen? Was soll weniger konsumiert werden, und von wem? Wie viele Generationen müssen kinderlos bleiben, um das Wachstum der Menschheit endgültig zu beenden? Richtig! Nur eine einzige. Und wie soll man bei einem großen Teil der Menschheit den Wohlstand stabilisieren, wo noch gar keiner vorhanden ist?

Bei der aktuellen Debatte des Klimawandels geht es wieder um eine begrenzte Ressource: die Fähigkeit der Atmosphäre, Kohlenstoffdioxid ohne Folgen aufzunehmen. Im Jahr 1900 lag der CO_2-Anteil noch bei 300 ppm (parts per million), also 300 Millionstel oder 0,03 Prozent oder 0,3 Promille. Seit 2015 sind es mehr als 400 ppm. Natürlich nicht überall, sondern durchschnittlich, auf die gesamte Atmosphäre gleichmäßig verteilt. Das klingt nach wenig, ist in der gesamten Menge trotzdem gewaltig viel.

Selbst wenn noch nicht mit absoluter Sicherheit feststehen würde, dass dieser marginale zusätzliche CO_2-Anteil ursächlich für die Klimaerwärmung verantwortlich ist, die weltweiten Emissionen von Kohlenstoffdioxid sind eine

Belastung für Mensch und Umwelt. Sie müssen lokal und global reduziert werden. Die Konzentration in der Atmosphäre sollte wieder auf das vorindustrielle Niveau von unter 300 ppm zurückgeführt werden.

Es gibt kaum eine Meinung, eine Forderung, eine politische oder ideologische Bewegung, die sich so schnell und so umfassend in der gesamten Menschheit festgesetzt hat und die so einhellig unterstützt wird, wie der Kampf gegen CO_2-Emissionen und den Klimawandel.

Begonnen hat die Bewegung in den 1970er-Jahren. James Black arbeitete über 40 Jahre lang als Forscher und Klimatologe für den Ölmulti Exxon (Esso). Exxon beschäftigte ihn und andere Forscher mit der Erstellung von Klimamodellen. Dafür stellten sie einige Millionen Dollar und ihre Infrastruktur zur Verfügung, um weltweit CO_2-Messungen durchzuführen. 1977 informierte James Black den Vorstand über seine Erwartungen eines Temperaturanstiegs von zwei bis drei Grad durch die erhöhten Co_2-Emmissionen. Den Höhepunkt dafür erwartete er bereits 2025.

Meine erste persönliche Wahrnehmung vom Thema Klimawandel hatte ich so um 1980. Als Student ackerte ich mich durch die 1438 Seiten des »Global 2000 Report to the President«.

Den Umweltbericht hatte US-Präsident Jimmy Carter 1977 in Auftrag gegeben, und er wurde 1980 von der Regierung veröffentlicht. Er beschäftigte sich umfangreicher und fortschrittlicher als der Club of Rome mit den globalen Umweltthemen. Er war getragen von den aufkommenden Umweltbewegungen und den Schocks der ersten Energiekrisen. Die Klimaveränderungen wurden klar angesprochen, allerdings in beide Richtungen. Mögliche Tendenzen einer neuen Eiszeit wurden ebenso dargestellt wie die Klimaerwärmung.

Noch dynamischer als die globale Durchschnittstemperatur wuchs in den letzten Jahrzehnten die Anzahl der Klimakonferenzen, der Konferenzteilnehmer, der wissenschaftlichen Arbeiten, Publikationen und medialen Berichterstattung über den Klimawandel. Neue Stars wurden geboren: von Prinz Charles über Nicholas Stern, Rajendra Kumar Pachauri bis Leonardo DiCaprio und Greta Thunberg. Während der Hollywoodstar Arnold Schwarzenegger in die Politik ging, wurde der frühere US-Vizepräsident Al Gore zum Hauptdarsteller im Dokumentarfilm »Eine unangenehme Wahrheit«, der den Klimawandel thematisiert und mit zwei Oscars prämiert wurde.

Die erste Weltklimakonferenz fand 1979 in Genf mit nur 400 Teilnehmern statt. Bei der Konferenz der Vertragsparteien in Berlin 1995 wurden unter der engagierten Teilnahme der damaligen deutschen Umweltministerin Angela Merkel Verhandlungen für die verbindliche Verringerung der Treibhausgasemissionen begonnen. Das »Protokoll von Kyoto«, das 1997 beschlossen wurde, verpflichtete die Industrieländer, ihre Emissionen bis 2012 um fünf Prozent gegenüber dem Niveau im Jahr 1990 zu senken. Deutschland sollte die Emissionen auf 92 Prozent des Wertes von 1990 absenken. Der österreichische Umweltminister Martin Bartenstein wollte dem nicht nachstehen und verpflichtete Österreich auf die gleiche Absenkung wie Deutschland, obwohl die Voraussetzungen vollkommen verschieden waren. Deutschland konnte durch den »Wall Fall Profit« – die Modernisierung veralteter ostdeutscher Braunkohlekraftwerke – eine riesige CO_2-Einsparung abschöpfen; ebenso mit der Effizienzsteigerung bei der weiteren Verbrennung von Braunkohle im Westen. Dazu kam die Beibehaltung der Kernkraftnutzung. Österreich hatte bereits 1990 einen Anteil von zwei Drittel der Stromerzeugung aus erneuerbarer Energie, aus der Wasserkraftnutzung. Das gesteckte Kyoto-Ziel war – ohne die Anrechnung von Absenkungen außerhalb Österreichs – nicht zu erreichen.

Insgesamt hat Europa die versprochene Absenkung seiner Emissionen vom Höchstwert im Jahr 1989 bis 2012 geschafft. Erreicht wurde das durch die technischen Modernisierungen in den zentral- und osteuropäischen Staaten, durch Verschiebung der Stromerzeugung von Kohle zu Erdgas und durch Steigerungen in der Energieeffizienz. Ein kleiner Anteil kam aus dem moderaten Wirtschaftswachstum der Jahre vor 2012. Mit dem anschließenden Wirtschaftswachstum stiegen die Emissionen wieder an. Weltweit sind die CO_2-Emissionen seit 1995 um fast 60 Prozent gestiegen, in China und Indien um 200 Prozent, obwohl ein Inder nur ein Fünftel so viel CO_2 emittiert wie ein Deutscher, Schweizer oder Österreicher.

An der Klimakonferenz 2015 in Paris nahmen bereits 40.000 Teilnehmer und 3000 Journalisten aus 195 Staaten teil.

Die Grundlagen für die politischen Vereinbarungen kamen aus der Wissenschaft. Im November 1988 war das Intergovernmental Panel on Climate Change (IPCC) gegründet worden, dem 2007 der Friedennobelpreis verliehen wurde, gemeinsam mit Al Gore. Das IPCC besitzt eine wirkungsvolle Organisationsform. Das IPCC forscht nicht selbst und vergibt keine Forschungsaufträge. Das Budget ist eher bescheiden. In Arbeitsgruppen werden weltweit wissenschaftliche Beiträge gesammelt, geprüft und kommentiert. Die Berichte werden erst nach einem mehrstufigen vertraulichen, nicht-öffentlichen Begutachtungsverfahren freigegeben.

Das IPCC verfolgt das Ziel, fundierte, politisch neutrale Informationen für Entscheidungsträger bereitzustellen. Bei der Zusammenfassung der Berichte werden die Formulierungen mit den Regierungen der Vertragsstaaten abgestimmt. Damit werden die Aussagen politisch, und sie schwanken zwischen wissenschaftlicher Erkenntnis und politischer Wirksamkeit.

Auf der Klimakonferenz in Paris 2015 wurde die Nachfolge für das Kyoto-Protokoll vereinbart. Neben den konkreten Absenkungszielen wurde ein Begrenzungsziel formuliert, nämlich mit der globalen Erwärmung von höchstens zwei Grad Celsius gegenüber dem vorindustriellen Zeitalter. Im Schlussgerangel wurde – unter starker Beteiligung von US-Präsident Barack Obama und Al Gore – noch einmal nachgeschärft und 1,5 Grad als erstrebenswertes Ziel formuliert.

Nachdem die Politik ihre Handlungsfähigkeit zeigen wollte, lautete die direkte Frage an die Wissenschaft, was geschehen müsse, um ein Übersteigen von 1,5 Grad unter allen Bedingungen zu verhindern. Die Antwort der Wissenschaft kam im Bericht von 2018: Nicht bis 2050, sondern bereits 2030 müssten alle CO_2-Emissionen mit der CO_2-Aufnahmefähigkeit der Biosphäre bilanziell ausgeglichen sein. Daraus entstand in den Medien und in umweltpolitischen Bewegungen ein Weltuntergangsmythos, wir hätten nur noch zwölf Jahre Zeit, um das weitere Überleben auf dem Planeten zu sichern. Auf die unrealistische Fragestellung der Politik lieferten die Modelle technisch logische, aber unrealistische Umwälzungen der globalen Zivilisation.

In den 1990er-Jahren war ich Berater des österreichischen Verkehrsministers Viktor Klima. Die hohe Anzahl an Verkehrstoten beschäftigte damals den Minister. Jedes Menschenleben ist wertvoll, daher kam im Verkehrsministerium die Frage auf, mit welchen Maßnahmen man die Verkehrstoten rasch auf null reduzieren könnte. Die Hauptursachen waren Alkohol und überhöhte Geschwindigkeit. Die theoretische Antwort war einfach: ein generelles Alkoholverbot im ganzen Land und die Begrenzung der

Höchstgeschwindigkeit von LKWs, Autos, Fahrrädern, Rollern etc. auf fünf Stundenkilometer. Zwei Wanderer, die frontal zusammenstoßen, also mit zehn Stundenkilometern, können überleben. Bei Radfahrern ist nicht einmal das sicher. Schneller als fünf Stundenkilometer sollten sich Menschen nur noch mit Helmen und angegurtet in zentralgesteuerten, schienengeführten Fahrzeugen bewegen.

Die reale Politik des Verkehrsministers war ein Kompromiss: Absenkung der Blutalkoholgrenze von 0,8 auf 0,5 Promille, eine Vielzahl von Geschwindigkeitsbeschränkungen und ihre konsequente Überprüfung. Die Verkehrstoten nahmen darauf von Jahr zu Jahr ab.

Das IPCC sucht nicht offensiv nach Meinungen und Experten, die seinem Gründungsauftrag, dem Nachweis des Klimawandels, widersprechen, sondern verbreitert und vertieft sein Wissen darüber. Da darf es nicht verwundern, wenn berichtet wird, dass 100 Prozent der involvierten Wissenschaftler den vom Menschen mitverursachten Klimawandel bestätigen.

Ich war sechs Jahre lang Chairman einer Arbeitsgruppe in einer anderen globalen Organisation, der IGU. Sie ist nicht das genaue Gegenteil des IPCC, aber sie hat ihren eigenen Plan zur weltweiten Reduktion der CO_2-Emissionen. Die IGU ist die Internationale Gas Union. Die Organisation ist über 100 Jahre alt und ähnlich wie das IPCC strukturiert. Sie ist kleiner, mit weniger Budget, und auf der World Gas Conference (WGC) treffen sich alle drei Jahre Delegierte aus 80 Ländern.

Wissenschaftliche Experten, vor allem Physiker und Ingenieure, arbeiten in Dreijahresprogrammen an Fragen der Förderung, des Transports, der Speicherung und der Anwendung von Erdgas. Viel Raum nehmen die Fragen der Sicherheit und der Energieeffizienz ein. In meiner Arbeitsgruppe, dem Marketing Committee, haben wir uns intensiv mit den Fragen der Umwelt und des Klimawandels beschäftigt und den Beitrag formuliert, den Erdgas zur Absenkung der CO_2-Emissionen leisten kann. Dazu haben wir Konkurrenten und Kritiker eingeladen, ihre Stellungnahmen und Expertisen einzubringen. Zum Beispiel Greenpeace. Wen wir nicht offensiv gesucht haben, waren notorische »Erdgasleugner«. Diese bestreiten vehement, dass Erdgas im Austausch zur Kohle und in Kombination mit erneuerbaren Energien klimaschonend eingesetzt werden kann und dass Erdgas eine brauchbare Brückentechnologie bis hin zur Wasserstoffzeit

ist. Aber davon waren wir 100-prozentig über-
zeugt.

☞ **Was können Sie tun?**

Leugnen Sie nicht, dass es einen von Menschen
gemachten Klimawandel gibt. Sie geraten damit
in schlechte Gesellschaft. Al Gore hat Klimaleug-
ner mit Menschen verglichen, die glauben, die
Erde sei eine Scheibe.

Sie sollten den stetig steigenden CO_2-Anteil
in der Atmosphäre nicht hinnehmen. Leisten
Sie Ihren politischen Beitrag dazu und spre-
chen Sie sich dafür aus, dass man damit aufhört.
Das wollen schon sehr viele Menschen auf der
Welt.

Unterscheiden Sie zwischen einer wissenschaftlichen Grundlage, einer politischen Ab-
sichtserklärung und der medialen Aufbereitung.
Mit Konzepten und Maßnahmen, die den Klimawandel plausibel und realistisch bekämpfen,
leben Sie besser.

Stehen Sie positiv zu Ihren Kindern und Enkel-
kindern, selbst wenn Sie in einem Industrieland
leben und noch immer mit einem sehr hohen
CO_2-Fußabdruck durchs Leben gehen. Sie haben

noch ein wenig Zeit und werden aus dieser Welt eine bessere machen.

Zweifeln Sie ruhig, aber verzweifeln Sie nicht. Einen angekündigten baldigen Weltuntergang sollten Sie nur hinnehmen, wenn er in einem Hollywoodfilm gut inszeniert wurde. Wenn Leonardo DiCaprio mit der Titanic untergeht, ist das Geschichte und Fiktion. Nicht real. Leo lebt! Er engagiert sich – wie Sie – für den Schutz der Umwelt und gegen die globale Erwärmung.

3. ÜBER KOHLENSTOFFSENKEN, DIE SPRUDELN SOLLTEN, UND KOHLENSTOFFQUELLEN, DIE NICHT VERSIEGEN WOLLEN

Der Mensch hat den CO_2-Anteil in der Atmosphäre nicht erst seit der Industrialisierung erhöht. Er begann damit ab der Zeit, als er sesshaft wurde. Er reduzierte das Potenzial der Bindung von CO_2 aus der Atmosphäre durch die Photosynthese der Bäume. Mit der Entwicklung der Zivilisation ging es dem Wald, der ersten Energiequelle und der gleichzeitig größten CO_2-Senke auf der Landoberfläche, an den Kragen. Im Altertum war das sehr stark in Südeuropa und Nordafrika der Fall, im Mittelalter in West- und in Mitteleuropa, in der Kolonialzeit wurde in Nordamerika heftig abgeholzt, und aktuell sind es die Tropenwälder, die reduziert werden. Deutschland war ursprünglich komplett bewaldet, heute ist nur noch ein Drittel der Landschaft vom »Deutschen Wald« bedeckt. In der Schweiz besteht ebenfalls ein Drittel der Fläche aus Wald. Österreich ist halb bewaldet, die andere Hälfte sind Agrar- und Siedlungsflächen oder hochalpine Felslandschaften jenseits der Baumgrenze.

Insgesamt wird geschätzt, dass der Mensch die Hälfte der ursprünglichen Waldfläche der Erde beseitigt hat; in erster Linie durch Brandrodung für die landwirtschaftliche Nutzung und für die Energiegewinnung zum Kochen und Heizen. Der Kohlenstoff, durch Photosynthese der Luft entnommen, ging damit wieder zurück in die Atmosphäre. Eine Sedimentation in geologischen Schichten und damit eine Entfernung aus der Atmosphäre wie in prähistorischer Zeit fand nicht statt.

Der intensive Waldverbrauch ist umkehrbar. In Europa wurde der Waldverbrauch zuerst reduziert, und in den letzten Jahrzehnten ist der Wald wieder gewachsen. Seit 1990 ist in der EU eine Waldfläche neu entstanden, die so groß ist wie Österreich, die Slowakei und Slowenien gemeinsam.

Geholfen hat dabei die Industrialisierung. Im 19. Jahrhundert war zum Beispiel der stadtnahe Wienerwald fast vollständig verschwunden – für das dringend benötigte Brennholz der rasch wachsenden Kaiserstadt. Mit der Erschließung von Kohle für den Hausbrand und die Industrie konnte das Gebiet des Wienerwaldes wieder aufgeforstet und unter Schutz gestellt werden. Andernfalls wäre dort heute eine Karstlandschaft wie in Teilen Italiens und Kroatiens. Durch die

Intensivierung der Landwirtschaft wurden in den letzten Jahren Almen mit Sommerwiesen für die Tiermast in den Hochgebirgen wieder aufgegeben. Jetzt müssen sie professionell beforstet und nicht nur dem Zwerg- und Latschenwuchs überlassen werden.

Auf allen Kontinenten ließen sich große Gebiete, die bislang nicht bewaldet waren, aufforsten – vom Mittleren Westen der USA über Sibirien, Zentralasien, Afrika bis Australien. Nur die Antarktis und die größte Insel der Welt, Grönland, eignen sich nicht dafür, allerdings wäre es in Island, auf der »grünen« Insel Irland und in Schottland möglich. Aus den Fehlern der vergangenen Jahrhunderte sollten wir lernen: Monokulturen sind zu vermeiden, ebenso Baumsorten, die für die Böden und das sich verändernde Klima nicht geeignet sind.

Mit der Industrialisierung brauchte der Mensch mehr Energie und leistungsstärkere Energieträger wie die Kohle. Der gesteigerte Wohlstand durch beheizte Wohnungen, sauberes Trinkwasser und bessere Ernährung und Gesundheitsversorgung wurde mit mehr Energie und mehr Emissionen erkämpft.

Bis in die zweite Hälfte des 20. Jahrhunderts waren viele Großstädte schwarz vom Ruß, vom sauren Regen und von den Abgasen. Als ich Ende der 1950er-Jahre in Nordostengland zur Welt kam, musste sich meine Mutter nach dem Wind richten, bevor sie die Wäsche zum Trocknen ins Freie hing. Die schwarzen Staub- und Abgaswolken der Bergwerke und Kraftwerke konnten dazu führen, dass sie die Wäsche gleich noch einmal waschen musste.

Die Häuser in Städten wie London, Glasgow oder Dortmund hatten in den 1960er-Jahren durchwegs grau-schwarze Fassaden. Ich erinnere mich noch gut daran, wie die imposanten Prachtbauten an der Ringstraße in Wien, die Oper, das Burgtheater, das Parlament, selbst der Stephansdom im Stadtzentrum tiefschwarz waren. Heute sind die Kalksandsteinfassaden gesäubert und renoviert und leuchten selbst in der Nacht, vom Flutlicht angestrahlt, in Weiß.

Dem ging eine umfassende Energietransformation voraus: Die Kohle verschwand in den Städten aus den Kaminen der Häuser, die Kraftwerke bekamen Rauchgasreinigungen oder wurden auf Erdgas umgestellt. Viele Einzelheizungen wichen der Fernwärme, die Dampflokomotiven kamen ins Museum, der Schienenverkehr wurde elektrifiziert, und die Qualität der Treibstoffe für Autos und LKWs verbesserte sich in großen

Schritten. Das Wachstum wurde begleitet von einer permanenten Erhöhung der Effizienz in der Produktion, in der Umwandlung, im Transport und in der Nutzung der Energie.

Nicht auszudenken wäre die Situation, wenn das Wachstum der europäischen Städte allein auf der Basis von Holz aus den nahen und fernen Wäldern und dem Gras und Heu der Wiesen für den Transport erfolgt wäre. Am Höhepunkt der Mobilität mit Pferden und Ochsen wurde ein Viertel der vorhandenen landwirtschaftlichen Fläche nicht für die Ernährung der Menschen, sondern allein für die Produktion des »Treibstoffs« der Reit- und Zugtiere, nämlich Gras und Heu, gebraucht.

Diese auf Europa zentrierte Betrachtung der Entwicklung der Energiewirtschaft ist für die globale Analyse recht brauchbar, da viele Kulturen, insbesondere im globalen Süden, noch immer mit Holz oder Holzkohle kochen und heizen, der Transport mit Eseln oder qualmenden Lokomotiven oder rußenden LKWs erfolgt und der Zugang zu Elektrizität, wenn überhaupt, auf Kohlekraftwerken basiert. Selbst die USA hinken in der Effizienzentwicklung, in der Wärmedämmung und im Massentransport den Europäern hinterher. Die aktuellen Emissionen von China und Indien sind der Ausdruck der Entwicklung in der Frühphase ihrer Industrialisierung.

Gut gemeinte, aber nicht realisierbare Vorschläge empfehlen den agrarischen Kulturen und aufkommenden Industriestaaten in Asien, Lateinamerika und Afrika ein Überspringen der Nutzung fossiler Energieträger und den ausschließlichen Einsatz von Solarpanelen und Windrädern. Das ist naiv und mitunter verächtlich gegenüber den Entwicklungsnotwendigkeiten der Mehrheit der Weltbevölkerung.

Das Überspringen der nächsten Entwicklungsphase wäre für die Entwicklungsländer ein doppelter Bocksprung. Das könnte nur gelingen, wenn es erstens bereits weltweit erfolgreiche Beispiele von Ländern oder Regionen gäbe, die sich ohne Unterstützung von außen energetisch selbstständig nur auf der Grundlage erneuerbarer Energien versorgen könnten. Und zweitens müssten sie den unmittelbaren Sprung aus agrarischen Strukturen in eine hochentwickelte Dienstleistungsgesellschaft schaffen.

Es stellt sich die Frage: Welche evolutionären Schritte oder revolutionären Umwälzungen werden wir in der Energieversorgung gehen, welche können wir nicht einfach überspringen?

In Chile hatte ich einmal bis spät in die Nacht ein faszinierendes Gespräch mit einem dort forschenden Astronomen und Jesuiten, der mir sein Berufungserlebnis schilderte. Für ihn war es die quantenmechanische Gleichung von Erwin Schrödinger, mit der er den Blick mitten ins Universum und zu Gott fand.

Bei mir war das profaner, es ging nicht um Gott und das Universum, sondern nur um ein Entwicklungsmodell der globalen Energieversorgung. Ich traf Anfang der 1990er-Jahre in Laxenburg den Systemanalysten Cesare Marchetti. Er war eine ebenso faszinierende Persönlichkeit und hatte sich jahrelang wissenschaftlich mit dem Modell der sich überlagernden und ablösenden Lebenszyklen der Energieträger beschäftigt. Für mich eröffnete sich damit der Blick auf die globale Energieversorgung der Menschheit, der die Antwort auf die Klimakrise gleich mitlieferte.

Marchetti analysierte die Nutzung der dominanten Primärenergieträger Holz/Heu, Kohle, Erdöl, Erdgas und Uran im 19. und 20. Jahrhundert und kreierte daraus Lebenszyklen, in denen der einzelne Energieträger innerhalb eines Jahrhunderts anwächst, seinen Höhepunkt erreicht und dann wieder abnimmt und tendenziell durch einen neuen, besseren Energieträger abgelöst wird.

Für mich waren Marchettis Kurven und Konstanten schon ein wenig zu gesetzmäßig, aber aus der Grundidee allein konnte ich Folgendes herauslesen:

1. Die Ablöse des etablierten Energieträgers durch einen neuen ist an Innovationen und langfristige Investitionen in neue Infrastrukturen gebunden. Im Idealfall kann der neue Energieträger aus der Abschreibung des alten Energieträgers investiert werden. Der neue Energieträger setzt sich nicht über Nacht durch, der alte verschwindet nicht bei Sonnenaufgang. Die Energieträger überlagern sich und ermöglichen damit ein globales Wachstum.

2. Der dominante Energieträger der Vorepoche wird durch einen leistungsfähigeren und emissionstechnisch besseren Energieträger abgelöst. Kohle hat eine höhere Energiedichte, besteht zu mehr als zwei Drittel aus reinem Kohlenstoff (C), brennt daher besser und verursacht geringere relative Emissionen als getrocknetes Holz. Erdölprodukte, also Kohlenwasserstoffe (C_mH_n), sind hochenergetisch und senken die relativen CO_2-Emissionen

weiter gegenüber der Kohle. Erdgas (CH_4) hat technologische Vorteile im Transport, bei der Speicherung und in der Verbrennung, ist noch sauberer und nähert sich dem Wasserstoff (H) an, der bei der Verbrennung kein CO_2 mehr emittiert.

3. Die Urankernspaltung fällt in ihrer kurzfristigen Entwicklung völlig aus dem empirischen Rahmen, da sie nur auf die Stromproduktion beschränkt bleibt.

4. Die zukünftigen Energieträger, welche die fossilen Rohstoffe ablösen werden, seien es solare Nutzungen, Wasserstoff oder die Kernfusion, warten noch auf ihren innovativen Durchbruch und werden neue Infrastrukturen benötigen. Je mehr die bestehenden Strukturen weiter genutzt werden können, umso schneller und günstiger kann der Umbau erfolgen.

Keiner der vorhandenen Energieträger wurde bisher durch die Erschöpfung seiner Ressourcen abgelöst. In diesem Sinn gilt die gleiche Aussage, nach der die Steinzeit nicht durch einen Mangel an Steinen zu Ende gegangen ist, sondern durch Innovation. Das hat lange gedauert, denn der Faustkeil war für den Menschen ein so gewaltiger technologischer Sprung vorwärts, dass es

Hunderttausende Jahre gebraucht hat, um ihn durch bessere Werkzeuge abzulösen. Bei der Energieversorgung der Menschheit auf der Basis der Verbrennung von Kohlenstoff wird das schneller gehen.

Ein gewichtiges zusätzliches Argument verhindert die raschere technologische Ablösung: die aktuellen wirtschaftlichen Vorteile der etablierten Energieträger. Inflationsbereinigt sind die Preise für Kohle, Erdöl und Erdgas gefallen. Durch technologische Fortschritte in der Aufsuchung und Produktion und höhere Effizienz in der Umwandlung sind sie heute so billig wie noch nie. Selbst die ersten, völlig unzureichenden Versuche, den Energieträgern externe Kosten für die Verschmutzung der Atmosphäre anzulasten, haben daran nichts geändert. Neue technologische Entwicklungen der Kohleverfeuerung konnten die zu geringen Kosten für die CO_2-Emissionen mehr als wettmachen. Dafür war der Preis für die Verschmutzung der Atmosphäre zu gering. Der raschen Weiterentwicklung der Technologien zur CO_2-freien Kohleverstromung fehlte der Antrieb.

Als Vertreter der Stadtwerke und Erdgasversorger habe ich in Deutschland die dritte Stufe der ökologischen Steuerreform in der parlamentarischen Gesetzeswerdung lobbyistisch begleitet, die 2003 in Kraft trat. Ökologisch im Sinne der spezifischen CO_2-Emissionen des Brennstoffs hieß für mich logischerweise geringere Steuern auf Erdgas, höhere Steuern auf Erdölprodukte und den höchsten Satz für die Braunkohle. Das »Gesetz zur Fortentwicklung der ökologischen Steuerreform« der rot-grünen Regierung des damaligen Bundeskanzlers Gerhard Schröder stellte die CO_2-Betrachtung auf den Kopf: Erdgas wurde am stärksten besteuert, Heizöl, Benzin und Diesel etwas geringer, und die Kohle wurde von der Besteuerung ausgenommen. Erdöl und Kohle hatten ganz offensichtlich die besseren Lobbys.

Politische Entscheidungen sind maßgeblich für Veränderungen bei der Wahl der Energieträger. Die Lebenszykluskurven von Cesare Marchetti sind keine universellen Naturkonstanten; sie können gestaucht und gedehnt werden. Einzelne Energieträger können schneller zur Reife gebracht und andere wieder schneller aus dem Markt gedrängt werden.

Gehen wir vom CO_2-ärmsten fossilen Brennstoff, dem Erdgas, aus, das seine vollen externen Kosten mittels CO_2-Abgabe tragen sollte. Benzin und Diesel emittieren bei der Verbrennung um 30 Prozent mehr CO_2, Steinkohle um 70 Prozent mehr und Braunkohle, Torf und Holz um etwa das Doppelte (100 Prozent). Diese sollten progressiv besteuert werden, um den Lenkungseffekt zu verstärken.

Am »schmutzigen« Anfang der Energieträger werden zusätzliche Regulierungen, sprich: Verbote der weiteren Holz- und Kohleverbrennung notwendig sein, außer es besteht dazu keine realistische Alternative.

Am »sauberen« Ende müssen die Forschungsanstrengungen für die technologischen Durchbrüche massiv verstärkt werden. Nur das kann die raschere Dekarbonisierung der Energieträger voranbringen. Die Hoffnung auf baldige Solarabgaben und Windsteuern kann man begraben. Die geringe Wirtschaftlichkeit der noch nicht ausgereiften Technologien vertragen das nicht. Von einer Wasserstoff- oder Kernfusionssteuer können die Finanzminister im 22. Jahrhundert träumen, wenn ihre Vorgänger in diesem Jahrhundert die Mittel lockermachen, um die Technologien zur Reife zu entwickeln.

Ein Energieträger ist nicht nur der Brennstoff im Tank oder das Windrad in der Landschaft. Damit die Energie genutzt werden kann, braucht sie entsprechende Strukturen. Die aber können in ihrer Bereitstellung oft aufwendiger, zeitraubender und teurer als die Energiequelle selbst sein.

Holz verbraucht bei seiner Nutzung den größten Flächenanteil für den Bau und die Erhaltung der Forststraßen und den Weitertransport. Für die Erschließung der Kohle mussten Bergwerke, Eisenbahnlinien und Kraftwerke gebaut werden, Erdöl und Erdgas brauchen Pipelines, Raffinerien und Tankstellen. Alle Energieträger müssen zu den Verbrauchern gebracht werden. Die Kunden betreiben dann Öfen, Glühbirnen, Computer oder Autos und nutzen damit die Energie.

Nehmen wir an, das Elektroauto würde sehr rasch zum Transportmittel der Zukunft werden. Dazu muss zuerst einmal die Stromproduktion massiv erhöht werden. Die derzeitige Produktion reicht dafür nicht aus. 40 Prozent des Stroms kommen heute weltweit aus Kohlekraftwerken, dieser Anteil müsste ebenfalls steigen. Der zusätzliche Strom muss transportiert und verteilt werden. Die vorhandenen Leitungen sind dafür nicht ausgelegt. Die benötigten Tankstellen dafür gibt es nicht. Eine traditionelle Autobahntankstelle kann heute eine große Anzahl von PKWs und LKWs rasch und gleichzeitig betanken. Strom hat eine geringere Energiedichte als Benzin und Diesel. Für die gleiche Energiemenge auf der Basis von Strom benötigt die neue Tankstelle den elektroenergetischen Anschlusswert einer Stadt wie Salzburg, Basel oder Regensburg. Nur der Flächenverbrauch für den Parkraum der Autos und die Staus zur Hauptverkehrszeit blieben unverändert die gleichen.

Als Student begeisterte ich mich für die Planung und Errichtung von großen Wasserkraftwerken und mächtigen Stauwerken in den Alpen. Die Anlagen in Russland, Brasilien und China waren noch grandioser. Einer meiner intellektuellen Heroes in den 1980er-Jahren war trotzdem der Physiker und Umweltaktivist Amory Lovins. Vielleicht wegen seiner Position gegen die Kernkraft und der Forderung, dass nicht jede Energieform zwangsläufig erst einmal zu Strom umgewandelt werden muss. Der eigentliche Nutzen für die Menschen sollte im Vordergrund stehen, nicht die Energie. Kein vernünftiger Mensch will Holzpellets, Kohle, Benzin oder Strom haben, er will Licht, eine warme Dusche und kaltes Bier.

Amory Lovins plädierte für die sanfte Energierevolution: Local is smart and small is beautiful. Viele kleine, lokale Energieerzeugungen sollten in die Versorgung einbezogen werden – jedem sein Solarpanel auf dem Dach, ein Biogasklo und ein Windrad im Garten. Bis zu einem bestimmten Ausbaugrad geht das okay. Sehr viele kleine Einheiten sind in sehr großer Anzahl ebenso »big« und können einer Biosphäre zusetzen wie große Schwärme kleiner Heuschrecken. Die großen, zentralen Produktionseinheiten ersetzen sie trotzdem nicht vollständig. Bei der Solarenergie und den Windparks geht der Trend inzwischen zu technischen Großanlagen. Selbst bei Solarmodulen darf der Ausbau nicht bei einzelnen Dächern von Supermärkten und Lagerhallen stehen bleiben, sondern muss sich auf alle Dächer einer Stadt ausdehnen.

Für Amory Lovins war die wertvollste Energieeinheit jene, die gar nicht erzeugt werden muss. Die Energievermeidung sollte allen Nutzern transparent gemacht und marktorientiert organsiert und ausgetauscht werden. Meiner Erfahrung nach wollen Energienutzer, genauso wie sie kein Benzin wollen, auch nicht ständig Energieeinheiten zusammenzählen, darüber Buch führen, sie verhandeln und tauschen, egal ob in Joule, Kalorien oder Kilowattstunden gemessen. Sie wollen Häuser, die im Hintergrund technisch optimal klimatisiert werden, pünktliche U-Bahnen oder Autos, die man nur alle 1000 Kilometer betanken muss, und Mobiltelefone, die wenigsten einen Tag lang mit einer Akkuladung auskommen. Wirkungsvolle Effizienz fliegt dem Nutzer mühelos und unsichtbar zu, er oder sie müssen sie nicht ständig überprüfen und am Markt erstreiten.

Der Vertrag von Kyoto mit den Emissionssenkungsverpflichtungen der Industriestaaten bis 2012 waren methodisch vorhersehbar und technologisch erfüllbar. Sie sind nicht das Ergebnis einer bedeutenden Steigerung des Anteils der erneuerbaren Energien. Die tatsächlichen Emissionssenkungen wurden durch eine Verschiebung innerhalb der fossilen Energieträger zu den kohlenstoffärmeren Brennstoffen und durch Effizienzsteigerungen entlang der gesamten Wertschöpfungskette erzielt.

☞ **Was können Sie tun?**

Freuen Sie sich darüber, was Sie bereits erreicht haben. Bevor Sie noch zum ersten Mal vom Klimawandel gehört haben, hat die Dekarbonisierung Ihrer Energieversorgung bereits begonnen. Vielleicht haben Sie es selbst miterlebt, wie die Städte in Europa sauberer wurden. Engagieren Sie sich, damit viel größere Städte in China, Indien und Afrika den gleichen Weg gehen. Aber mit Tempo. Schneller!

Die Erfüllung des Vertrags von Kyoto war für Sie nur eine Aufwärmübung. Die große Herausforderung kommt noch.

Werden Sie nicht zum Eremiten und Energieasketen. Durch einen Rückzug in die Abgeschiedenheit lösen Sie kein globales Problem. Nicht der Verzicht, sondern die sinnvolle Nutzung von Energie macht Ihr Leben lebenswerter.

Werden Sie effizienter im Umgang mit Ihren Energien – überall, wo es Ihnen möglich ist, und lassen Sie sich dabei helfen. Es gibt dazu bereits tolle Konzepte: vom urbanen Wohnen im Niedrigenergiehaus bis zu kommunalen Massenverkehrsmitteln auf der Basis emissionsarmer und erneuerbarer Energien.

4. DER KAMPF ZUR RETTUNG DES KLIMAS WIRD IM ENERGIE-SEKTOR GEWONNEN – ODER VERLOREN

Kohlenstoffdioxid (CO_2) ist kein Giftgas. Es ist ein vitales Gas. So wie Sauerstoff (O_2). Wenn der Mensch Luft einatmet, besteht diese zu 20 Prozent aus Sauerstoff und nur zu 0,4 Promille aus CO_2. Der Sauerstoff wird mit dem Kohlenstoff (C) im Körper zu CO_2 verbrannt. Den Kohlenstoff nehmen wir mit der Nahrung zu uns. Die Luft, die wir ausatmen, hat bereits einen CO_2-Anteil von sechs Prozent.

Das ist fast so viel, wie er im Abgasstrom einer Gasturbine gemessen wird. Im Laufe des Lebens summieren sich die Emissionen jedes einzelnen Menschen auf 30 Tonnen CO_2. Dazu kommen noch einige andere Gase, z. B. ein Liter reines Methan pro Tag.

Das ist allerdings für jeden von uns der kleinste Teil, den wir in die Atmosphäre abgeben. Denn neben der Lebensenergie durch Verbrennung verbrauchen wir viel mehr Energie für Holzöfen, Dampflokomotiven, Traktoren, Dieselgeneratoren, kalorische Kraftwerke und vieles mehr.

Die Energieversorgung der Welt kommt derzeit fast ausschließlich, nämlich zu mehr als 90 Prozent, aus der Verbrennung von kohlenstoffhaltigen Brennstoffen. Davon sind 80 Prozent fossile Brennstoffe wie Kohle, Erdöl und Erdgas. Diese stammen aus der Bindung des Kohlenstoffs in prähistorischen Pflanzen und Tieren und der Umwandlung und Speicherung in abgelagerten Sedimentgesteinen.

Weniger als zehn Prozent der Energie kommen aus der Verbrennung von Biomasse und Müll. Diese emittieren ebenfalls CO_2, neben weiteren gefährlichen Partikeln, besonders Feinstaub. Biomasse und Müll gelten jedoch als erneuerbar, weil sie in einem kürzeren Umwandlungszyklus wiederbeschaffbar sind. Zur Verstärkung des aktuellen Treibhauseffekts tragen sie trotzdem bei.

Ebenfalls weniger als zehn Prozent der Energie kommen aus nichtemittierenden Energiequellen wie Kernenergie (vier Prozent) und Wasserkraft (zwei Prozent). Windkraft und die direkte Nutzung der Sonnenenergie sind in den letzten Jahren stark angestiegen. Ihre Zuwachsraten sind beeindruckend. Sie machen derzeit gemeinsam einen Anteil von zwei Prozent aus.

Verbrennung war und ist für den Menschen die einfachste und natürlichste Art, um Nutzenergie zu gewinnen; sonst würden wir das nicht seit Jahrtausenden tun.

Ein Wirtschaftssektor, der immer wieder angeführt wird, weil er zur Klimaerwärmung beiträgt, ist die Land- und Forstwirtschaft. Dabei sind es nicht ausschließlich die CO_2-Emissionen, sondern in ihrer Treibhauswirkung wesentlich lästigere Treibhausgase wie Methan oder Lachgas.

Die globale Produktion von gesunden Nahrungsmitteln muss mit der wachsenden Bevölkerung mithalten, und die Umstellung großer Teile der Land- und Forstwirtschaft zur Energieproduktion wäre klimatechnisch, ernährungspolitisch und im Sinne der Erhaltung natürlicher Landschaften eine Katastrophe. Während in den Industriestaaten die gesundheitlichen Schäden durch Übergewicht zunehmen, kämpfen die Welternährungsorganisation FAO und das Kinderhilfswerk UNICEF mit dem Welternährungsprogramm gegen die Mangelernährung von Kindern und Erwachsenen. Das betrifft vor allem die Länder des Südens. Diesen dringenden humanitären Aufgaben stehen in vielen Fällen Unterentwicklung, Krieg, Korruption und wirtschaftliche Fehlorganisation im Weg. Die Lösungen dazu sind jedoch umso eindeutiger: Gebraucht werden solides Ackerland, Bewässerung, mehr Traktoren, bessere Düngemittel und ein leichterer Zugang zu Energieträgern, die nicht krank machen. Das ist in den seltensten Fällen ein smartes Solarpanel oder ein Windrad. Gefragt sind Propangasflaschen zum Kochen im Austausch gegen Dung, Holz und Holzkohle und der Anschluss an eine zuverlässige Strom- und Wasserversorgung. Erst im zweiten Rang stellt sich die Frage, welche Primärenergie den Strom und das saubere Wasser produziert und aufbereitet hat.

In der Kritik stehen bei der Landwirtschaft die Belastungen für das Klima durch den Düngereinsatz, den Reisanbau und die Viehwirtschaft. Das IPCC hat sich in seinem Bericht 2019 mit dem Fleischkonsum auseinandergesetzt und eine gewaltige Projektion in den Raum gestellt. Durch einen vollständigen weltweiten Verzicht auf Fleisch, Eier und Milchprodukte, also mit rein veganer Ernährung, könnten die landwirtschaftlichen Treibhausgasemissionen bis 2050 um 70 Prozent reduziert werden. Nur die Emissionen der Landwirtschaft! Auf die Gesamtemissionen aller Treibhausgase bezogen wären das zwei Prozent.

Die Entwicklung geht seit einiger Zeit genau in diese Richtung. In den USA nehmen die Landnutzung und die Treibhausgasemissionen bei gesteigerter Fleischproduktion seit den 1960er-Jahren ab, weltweit sinkt dieser Anteil seit 2000. Selbst Indien und Brasilien reduzieren Landnutzung und Emissionen bei steigendem Output von Fleisch. Die wesentlichen Gründe dafür sind der Wechsel von der Freilandhaltung zur intensiven Stallwirtschaft und die Umorientierung des Fleischkonsums vom Rindfleisch zum Huhn.

Es gibt gute ethische oder diätische Gründe für vegane Ernährung, für die Reduktion der Treibhausgase leistet sie nur einen bescheidenen Beitrag. Vegane Ernährung ist meist billiger, damit bleibt mehr Geld für andere Konsumgüter. Diese sollten einen geringeren CO_2-Fußabdruck haben als die Aufzucht von Schweinen oder Hühnern. Falls sich die gesamte Menschheit bis 2050 tatsächlich auf 100 Prozent vegane Ernährung umstellt (was unwahrscheinlich ist), aber die gesamten gesparten Konsumausgaben dafür nicht direkt in langfristige CO_2-Reduktionen investiert werden, wird der Gesamteffekt der Absenkung der Treibhausgase bescheiden bleiben.

Nahrungsmittel müssen transportiert und aufbereitet werden. Dieser Beitrag übersteigt mitunter den CO_2-Fußabdruck für die Erzeugung des Nahrungsmittels, womit die Hauptverantwortung für die Senkung der Emissionen wieder beim Energiesektor landet.

Es ist mehr als deutlich: Die Klimaveränderung wird in erster Linie durch Energienutzung, durch unsere Industrie, die Wärme-/Kältebedürfnisse, durch Transporte und moderne Kommunikation bestimmt; weniger von dem, was wir atmen, essen und trinken.

Das Gleiche zeigt sich im Industriesektor. Der Anteil der Stahlerzeugung an den weltweiten CO_2-Emissionen liegt bei zehn Prozent, der Anteil der Zementindustrie bei acht Prozent. Bei diesen zwei wichtigsten Werkstoffen sind neue, CO_2-freie Technologien für die Reduktion von Eisenerz sowie die Entsäuerung von Kalkstein in Entwicklung. Das klingt vielversprechend und wird sicher noch einige Jahrzehnte in Anspruch nehmen. Der größte Teil der CO_2-Emissionen im gesamten Produktionsprozess von Stahl und Zement entfällt jedoch auf den Energieeinsatz bei der Aufbereitung des Rohstoffes und auf die nötige Prozesswärme. Damit steht und fällt die Aufgabe der Reduktion der Emissionen dieser Industrien ebenfalls mit der Lösung der energiewirtschaftlichen Frage: Wie bekommen wir möglichst rasch die Emissionen der Energieträger in den Griff?

Eine echte Erfolgsstory, wie ein globales Umweltproblem gelöst wurde, ist das Verbot der Fluorchlorkohlenwasserstoffe (FCKW), die in Spraydosen, in Kühlschränken und als Lösungsmittel eingesetzt wurden. Sie zerstörten, wenn sie freigesetzt wurden, die Ozonschicht unserer Atmosphäre und verursachten die Ozonlöcher über den Polen und reduzierten damit den UV-Schutz der Atmosphäre. Die Grundlage für die Rettung der Ozonschicht war eine internationale Vereinbarung, das Montrealer Protokoll von 1987, in dem schrittweise alle Ozonkiller verboten wurden. Seit 2000 werden sie weltweit nicht mehr produziert. Nebenbei hatte das Verbot den positiven Effekt, dass mit den FCKW extrem aktive Treibhausgase mit einer mehrere 1000-mal höheren Wirkung als CO_2 aus dem Verkehr gezogen wurden.

Im Gegensatz zu den globalen CO_2-Emissionen war der Ausstieg aus den FCKW die leichtere Aufgabe. Es ging nicht um 90 Prozent der Energieversorgung, sondern nur um Spraydosen und Kühlschränke. Darüber hinaus standen bereits bessere und günstigere Ersatzstoffe zur Verfügung, die sofort verwendet werden konnten.

Ein anderes positives Beispiel war die Bekämpfung des »sauren Regens«, der den Menschen und der Umwelt, vor allem den Wäldern, große Schäden zufügte. Die Ursache dafür war der Schwefel in der Kohle und im Erdöl, der mit der Verbrennung in die Luft und mit den Niederschlägen wieder zu Boden kam. Das Problem wurde mit neuen Technologien und hohen Investitionen in den Umweltschutz gelöst. Die Rauchgasentschwefelung von Kraftwerken ist Stand der Technik, ebenso die weitgehende Eliminierung des Schwefelanteils aus den Brenn- und Treibstoffen. Was in Europa inzwischen Standard ist, muss jetzt noch weltweit und lückenlos durchgesetzt werden.

Jahrzehntelang wurde dem Benzin – für die Verbesserung der Klopffestigkeit der Motoren – Tetraethylblei beigemischt. Damit gingen Millionen Tonnen an Blei in die Luft und in die Umwelt. In der Milch von Kühen, die entlang der Autobahnen weideten, konnte der Bleigehalt gut nachgewiesen werden. Mit der Einführung der Katalysatoren für die Abgasnachbehandlung in Fahrzeugen wurden die Treibstoffe mit neuen, besseren Antiklopfmitteln schließlich bleifrei.

Schwefel und Blei waren nur die unerwünschten oder tolerierten Nebenprodukte beim Energieeinsatz. Beide konnte man erfolgreich beseitigen oder ersetzen. Die CO_2-Emissionen kommen nicht aus dem Nebenprodukt, sondern aus dem zentralen Teil der Energiebereitstellung, aus der Verbrennung des Kohlenstoffs. Um diese Emissionen restlos zu beseitigen, müssen wir entweder auf Verbrennung verzichten, alle Abgase aufwendig nachbehandeln oder nur noch Wasserstoff verwenden.

Die angeführten Beispiele zeigen die Wege auf, wie man die Treibhausgasemissionen erfolgreich reduzieren kann: durch Verzicht, durch Verbot und durch technische Alternativen.

Ein richtig guter Verzicht ist der Verzicht auf Energieverschwendung. Das passiert laufend und mit großer Wirkung durch Steigerung der Energieeffizienz von der Produktion bis zur Endenergienutzung. In den Industriestaaten ist das Wirtschaftswachstum bereits vom Energiewachstum entkoppelt. Der Energieverbrauch sinkt, die Wirtschaft wächst trotzdem. Das liegt nicht am positiven Verhalten des einzelnen Konsumenten. Der Energieverbrauch wächst durch technische Effizienz in allen Anwendungen und ist damit das erfolgreichere Modell des kollektiven Verzichts. Leider gibt es dabei manchmal einen Rebound-Effekt: Mit höherer Effizienz steigt mitunter der Konsum: Es wird mehr mit dem Auto gefahren, mehr beheizt und gekühlt, mehr beleuchtet und mehr kommuniziert.

In den Entwicklungsländern und neuen Industriestaaten wachsen die Volkswirtschaften besonders stark – und damit der Energiebedarf. Deren Wachstum von einem niedrigeren Wohlstandsniveau aus geht konform mit mehr Bildung, besserer Gesundheit und längerem Leben, begleitet von höheren Belastungen für die Umwelt. Der gewonnene Wohlstand wird wie in den Industriestaaten durch fossile Energieträger befeuert.

In der Internationalen Energieagentur (IEA) sitzen die besten Energieexperten der Welt oder sie greift – wie das IPCC – auf die Expertise der weltweiten Experten zu. Sie analysieren die Energieentwicklungen der Welt, insbesondere der Industriestaaten. Ihre Prognosen sind entscheidend für die langfristigen Investitionen in die globale Energieinfrastruktur. Natürlich nehmen die Experten der IEA die Aussagen und Forderungen des IPCC und die Absichtserklärungen der internationalen Politik ernst und modellieren die erwarteten Veränderungen in mögliche Szenarien.

Ich bin für einige Zeit persönlich heftig im Widerspruch zu einer konkreten Prognose der IEA gestanden. Auf Energiekonferenzen musste ich meine Bedenken verteidigen. Zu Beginn des neuen Jahrtausends versprach die IEA ein »golden age of natural gas«, in der Erwartung eines viel höheren Erdgasverbrauchs in ganz Europa zulasten der Kohle. Für mich als Vertreter der Erdgaswirtschaft war das eine erfreuliche Prognose. Ich war trotzdem skeptisch. Besonders nachdem ich das zugrunde gelegte Modell verstanden hatte. Nur zwei Länder in Westeuropa, nämlich Spanien und Großbritannien, waren bereits in den 1980er- und 1990er-Jahren stärker von Kohle auf Erdgas umgestiegen. Die IEA ging davon aus, dass alle Länder Europas diesem Vorbild folgen würden, weil dies einen bedeutenden Beitrag zur Verminderung der Treibhausgase zur Folge hätte. Anders könnten die Versprechungen des Kyoto-Protokolls von Europa gar nicht eingehalten werden.

In dieser Analyse steckten zwei Fehler.

In Großbritannien wurde unter Margaret Thatcher der Wandel von Kohle zu Gas keineswegs deshalb vollzogen, weil sie eine frühe Kämpferin für die Rettung des Klimas gewesen wäre. Die Premierministerin wollte einfach die staatliche und gewerkschaftlich gut organisierte Kohleförderung loswerden und musste die Interessen der neuen Investoren durchboxen. Die internationale Erdölwirtschaft hatte riesige Beträge in die Suche nach Erdöl in der Nordsee gesteckt, in einigen Fällen aber nur Erdgas gefunden. Und das musste dringend lokal zu Geld gemacht werden, also in England. Dafür wurde nicht nur die heimische Kohle, sondern auch gleich die nationale Gasgesellschaft zerschlagen und privatisiert. In Spanien ging die Kohleförderung im Baskenland und in Asturien stark zurück, und man entschied sich, keine zusätzliche Kohle zu importieren, keine weiteren Kohle- und Kernkraftwerke zu bauen, sondern auf eine größere Anzahl flexibler Gaskraftwerke mit importiertem, verflüssigtem Erdgas über den Seeweg zu setzen.

Die zweite Fehlannahme betraf den erwarteten Ausstieg aus der Kohle in Kontinentaleuropa. Länder wie Polen und Tschechien oder der Westbalkan hatten wenig Alternativen, und selbst Deutschland meistert seine Energiewende dadurch, die Gaskraftwerke herunterzufahren und die Verbrennung von Braunkohle und Steinkohle auf höchstem Niveau zu halten. Erst 2038, wenn die letzten Investitionen der Kohlewirtschaft abgeschrieben sind, sollen die größten CO_2-Emittenten Europas abgeschaltet werden. Nur wenige Länder sind bisher vollständig aus der Kohleverstromung ausgestiegen. Zuletzt Österreich. Die Verbote konzentrieren sich auf die Kernenergie, den Ausbau der Erdgasnetze oder auf Ölheizungen. Die Absenkungsziele des Kyoto-Protokolls wurden bis 2012 aus der höheren Effizienz in der Kohleverstromung erfüllt, und nicht aus einem »goldenen Zeitalter für Erdgas«.

Was sagt die IEA für die Zukunft der fossilen Energieträger voraus? Der globale Anteil liegt derzeit über 80 Prozent, und bis 2040 soll er auf etwa 75 Prozent sinken. Damit sagt die IEA, dass alle fossilen Energieträger auf einem sehr hohen Niveau dominant bleiben werden. Die internen Verschiebungen zwischen Kohle, Öl und Gas bleiben spekulativ und überschaubar. Das erzeugt Widersprüche zu den Klimaszenarien, die bereits 2040 oder 2050 von Netto-Null-Emissionen ausgehen. Die IEA beschäftigt sich natürlich mit solchen Projektionen und kann sie nur mit disruptiven Veränderungen aller gesellschaftlichen Bereiche oder dem Sciencefictioning von Technologien plausibel modellieren.

Was sagt die OPEC (Organisation erdölexportierender Länder) dazu? Schon klar, die OPEC ist ein Ölkartell, wogegen sie sich aber stets verwehrt. Jedenfalls beschäftigt die OPEC viele Experten und Wissenschaftler mit der Frage nach dem zukünftigen Erdölbedarf. Und das aus gutem Grund. Die größten Investitionen entlang der Wertschöpfungskette von Erdöl fallen auf die Aufsuchung und die Förderung. Daher sollte der zukünftige Bedarf sehr gut abgeschätzt sein, sonst werden in den OPEC-Staaten sehr schnell Hunderte Milliarden Dollar in den Sand gesetzt. Die OPEC geht von einem globalen jährlichen Wachstum der Weltwirtschaft von über einem Prozent aus und sieht keine Probleme, einen im gleichen Ausmaß steigenden Erdölbedarf weiter zu bedienen. Wenn es weniger ist, würde sie das gerne wissen. Die OPEC kann damit leben, dass ihr die USA und Russland bis 2040 Anteile am Weltmarkt abnehmen werden. Sie kann vermutlich auch damit leben, dass der Verbrauch von Benzin und Diesel durch CO_2-Bepreisung und Elektromobilität weltweit abnimmt. Sie möchte nur wissen, wie viel das ist.

Die Vereinigten Arabischen Emirate (VAE) haben noch Ölreserven für über 200 Jahre in ihren Erdöllagerstätten. Sie könnten allerdings bald mit der Förderung aufhören, denn was sie bisher verdient haben, haben sie weltweit gut angelegt und im Inland in die Diversifizierung der Wirtschaft investiert. Die Schwerpunkte der nächsten Jahre liegen auf der Erdgasförderung zur Bedienung des stark steigenden Bedarfs an Strom für Kühlung und Meerwasserentsalzung. Die geförderten Kohlenwasserstoffe sollen in Zukunft weniger exportiert und verbrannt werden, sondern dienen als Ausgangsstoffe für die eigene moderne chemische Industrie und die Produktion von hochwertigen Materialien für die boomenden asiatischen Märkte.

Der Iran verfügt trotz jahrzehntelanger Sanktionen über ein hohes Exportpotenzial für Erdöl. Die Erdgasreserven des Iran werden als die größten der Welt eingeschätzt. Davon wurde noch kaum etwas exportiert. Das geförderte Gas wird bisher nur im Inland eingesetzt oder wieder in den Untergrund gepumpt, um damit die Ölförderung stabil zu halten. Der Iran könnte als erstes Land der Welt zu einer bedeutenden Industrienation aufsteigen – ohne Kohle, ohne Kernkraft, bei abnehmendem Ölverbrauch, nur mit Erdgas, Wasserstoff und erneuerbarer Energie. Davon könnten viele Nachbarländer in der Region profitieren, indem sie auf die Kohleverbrennung verzichten. Dem stehen allerdings nicht der Klimawandel, sondern die Lösung einiger anderer gewichtiger politischer Probleme im Weg. Ich bin dafür, dass sie rasch gelöst werden.

Norwegen war in den 1950er-Jahren auf dem Wohlstandsniveau von Portugal. Mit der Erdöl- und Erdgasförderung hat sich das Land in kürzester Zeit zu einem der reichsten Staaten der Welt entwickelt. Das verdiente Geld wurde gut in Staatsfonds angelegt. Wenn in einem Land die Rente sicher ist, dann in Norwegen. Norwegen verfügt zusätzlich über den höchsten Anteil an Strom aus Wasserkraft. Mit der Flexibilität seiner Stromproduktion könnte das Land in Zukunft zur stärksten Batterie Europas werden. Die ausgeförderten Erdgaslagerstätten eignen sich bestens, um CO_2 sicher einzulagern. Das wird bereits seit Jahren so gemacht. Der Wind an der norwegischen Westküste ist ergiebig. Doch kann der größte Teil der gewinnbaren Windenergie von der derzeit verfügbaren Technologie maritimer Windräder nicht genutzt werden. Norwegen sollte keine Probleme mit einem abnehmenden Bedarf an Öl und Gas haben. Das wird nicht von heute auf morgen passieren, sondern im Idealfall parallel mit dem Rückgang der Reserven verlaufen. Die großartige Naturlandschaft Norwegens und der Artenreichtum der Nordsee haben über einen längeren Zeitraum mehr durch den Fisch- und Walfang und den Ausbau der Wasserkraft gelitten als durch die Öl- und Gasförderung. Windräder weit weg von der Küste werden sie auch noch aushalten.

Wie ich die Norwegerinnen und Norweger kenne, werden sie sehr gute Gründe vorbringen, wieso sie in Zukunft ihre wunderbare Landschaft und ihren sozialen Zusammenhalt nicht leichtfertig für erneuerbare Energien und den globalen Klimaschutz opfern werden.

☞ Was können Sie tun?

Denken Sie global und handeln Sie global! Wenn Ihr heimisches Kohlekraftwerk auf Ihre Initiative hin geschlossen wurde, ist das gut für die lokale Luftqualität. Jetzt können Sie ruhig mit dem Fahrrad durch die Stadt fahren.

In Shanghai, Peking und New Delhi fahren viel mehr Menschen mit dem Fahrrad – im Smog. Ihr demontiertes Kohlekraftwerk wurde dort vermutlich wieder aufgebaut und produziert jetzt den Strom und die Abgase – ungefiltert.

Arbeiten Sie ausschließlich für den sozialen, ökologischen und technologischen Fortschritt der ganzen Menschheit. Ihr individuelles Verhalten kann Ihr eigenes Wohlbefinden verbessern, nicht das Klima. Dazu müssten alle Menschen dieser Welt so sein wie Sie. Dafür sollten Sie sich einsetzen.

5. WIR SCHLIESSEN DIE TECHNO-LOGISCHEN LÜCKEN IN DER ENERGIEGEWINNUNG ODER WIR GREIFEN GANZ TIEF IN DIE NATURLANDSCHAFTEN EIN

Die Nutzung der Wasserkraft ist weltweit bereits gut etabliert. Sie wurde seit dem Ende des 19. Jahrhunderts mit größtem Einsatz ausgebaut, mit Niederdruckturbinen entlang der Flüsse und Hochdruckanlagen mit Stauhöhen über 300 Meter. Dazu wurden ganze Flussregime und Gebirgslandschaften umgestaltet. Leistungsfähige Kraftwerke sind und waren das Ergebnis bedeutender nationaler oder bilateraler Großprojekte, mit Planungs- und Errichtungszeiten von mehreren Jahrzehnten. 2012 wurde in China mit der Drei-Schluchten-Talsperre am Jangtsekiang das bislang größte Kraftwerk der Welt mit 22,5 Gigawatt Leistung fertiggestellt. Dazu wurden zwei Millionen Menschen umgesiedelt, weil ihr Lebensraum für die Staubecken gebraucht wurde. Insgesamt steht die Wasserkraft für zwei Prozent des weltweiten Energiebedarfs. In Deutschland deckt sie drei Prozent der Stromproduktion, in der Schweiz über 50, in Österreich bis zu 60 und in Norwegen über 90 Prozent. Bei allen ist es nur der Anteil an der Stromproduktion. Strom steht nur für ein Fünftel (20 Prozent) des gesamten Energieverbrauchs eines Landes.

Die Wasserkraft zeigt die typische Charakteristik erneuerbarer, emissionsfreier Energieträger: hoher Verbrauch an Lebensraum und hohe Investitionskosten gegenüber moderaten Betriebskosten, da kein Brennstoff verbraucht wird. Und ein volatiles Aufkommen: Die Stromproduktion richtet sich nicht nach der Stromnachfrage, sondern nach dem Angebot des Energieträgers (Wasser, Wind, Sonnenschein). Die Schwankungen sind bei der Wasserkraft am geringsten und jahreszeitlich bedingt. Im Winter, bei Niedrigwasser, wird weniger Strom produziert, am meisten im Frühjahr. Gerade im Winter aber ist der Strombedarf durch Kälte und Dunkelheit am höchsten. Da elektrische Energie selbst nicht gespeichert werden kann, muss die tatsächliche Nachfrage mit anderen Stromquellen ausgeglichen werden. Die Wasserkraft hat dazu eine eigene, technologische Lösung. Speicherkraftwerke gleichen Bedarfsspitzen an elektrischer Energie aus. Pumpspeicher arbeiten wie eine Batterie: Bei Stromüberschuss wird Wasser in den Speicher hochgepumpt, bei Nachfrage wird das Wasser durch die Turbine abgelassen und damit wieder Strom erzeugt. Mit den Speicher- und Pumpspeicherkraftwerken kann die Stromproduktion selbst bei besten topographischen Bedingungen – wie in Österreich und in der Schweiz – nur zu einem geringen Teil an die Nachfrage angepasst werden. Der größere Teil wird von Wärmekraftwerken, Kernkraftwerken oder mit Stromimporten ausgeglichen.

Ab dem Jahr 2000 gab es einen regelrechten Boom an Projekten für die Speicherung überschüssigen Stroms aus volatiler, erneuerbarer Produktion. Ich persönlich war verantwortlich für die Fertigstellung eines vollständig durchgeplanten 300-Megawatt-Pumpspeichers in Oberösterreich. Das Projekt war eine großartige und hochflexible Anlage mit sehr geringen Eingriffen in die natürliche Landschaft. Alle Genehmigungen lagen vor, der Anschluss an das Hochspannungsleitungssystem war vorhanden, und die ersten 20 Millionen Euro waren bereits investiert.

Die Wirtschaftlichkeit jedoch war selbst bei einer sehr optimistischen Annahme der zukünftigen Strompreise an der Börse einfach nicht darstellbar. Ein Durchboxen des Projekts hätte meinem Unternehmen einen sicheren Verlust und mir vermutlich eine Anklage vor Gericht eingebracht. Also suchte ich weltweit nach einem neuen, risikobereiten Investor für etwa 350 Millionen Euro. Man liest so viel von Fonds, die nicht mehr in fossile Energie, sondern nur noch in die erneuerbare Zukunft investieren. Ich konnte, trotz großen Bemühens, keinen solchen Investor auftreiben. Die 20 Millionen mussten abgeschrieben werden. Ähnlich erging es einem Dutzend anderer Projekte in Deutschland, der Schweiz und Österreich, die bereits im Bau waren und eingestellt werden mussten. Ambitionierte Planungen verschwanden in den Schubladen.

Der Ausbau der Wasserkraft stößt weltweit an seine Grenzen. Ein größeres Potenzial gibt es noch in Afrika und Sibirien. Entweder muss wertvolle Natur- oder Kulturlandschaft geopfert werden, oder man geht großflächig in den Einsatz von Kleinstturbinen entlang der Flüsse oder in Wellen- und Gezeitenkraftwerke. Bei einem wachsenden Energiebedarf der Welt wird die Wasserkraft kaum über den derzeitigen Anteil von zwei Prozent hinauskommen.

Wesentlich optimistischer wird die Zukunft für Windkraft und Solarstrom gesehen. Während Wasser mit gutem Gefälle begrenzt vorkommt, kann Windstrom überall produziert werden, wo immer der Wind weht, und Solarstrom, wo immer die Sonne scheint. Ganz Deutschland, Österreich und die Schweiz mit Solarmodulen zu bedecken, würde jedoch noch nicht ausreichen, um die ganze Welt mit Strom zu versorgen; nicht wegen der Fläche, sondern wegen der zu geringen Sonnenscheindauer. Dagegen könnte ein vollständig überdachtes Spanien den aktuellen weltweiten Strombedarf liefern. Mitten in der Sahara reicht eine Fläche von 300 mal 300 Kilometern. Gegenüber dem moderaten Landverbrauch der fossilen Energien ist das allerdings ein riesiger Ressourcenbedarf. Die geringe Energiedichte von Sonne, Wind und Elektrizität muss mit dramatisch mehr Fläche ausgeglichen werden.

Auf Initiative des Club of Rome wurde 2003 ein Konzept ausgearbeitet, um Solarstrom aus der Sahara und dem Mittleren Osten nach Europa zu bringen. Das Konzept wurde noch durch Windkraft entlang der europäischen und afrikanischen Westküsten, mit der Wasserkraft aus den Alpen, den Pyrenäen, aus Vorderasien, Ägypten und dem Sudan sowie der energetischen Nutzung von Biomasse aus ganz Europa erweitert. Damit sollten die Schwankungen in der Stromversorgung Europas und Afrikas ausgeglichen werden, wenn die Solarflächen in der Nacht oder nach einem Sandsturm keinen Strom lieferten. Das gesamte Versorgungsgebiet von der Sahara bis zum Nordkap musste noch mit einem dichten Stromnetz mit Hochspannungs-Gleichstrom-Übertragung (HGÜ) verbunden werden. Die Idee und das Konzept gingen in eine private Stiftung, die DESERTEC Foundation.

Mit dieser positiven Aussicht und großen Ambitionen trafen sich in Deutschland 2009 die Vertreter großer Finanz-, Technologie- und Energiekonzerne in München, gründeten eine gemeinsame Projektgesellschaft und begannen damit, das Konzept in die Realität umzusetzen.

Nachdem ich den Geschäftsführer dieser Gesellschaft von früheren Energieprojekten sehr gut kannte, schlug ich ihm vor, in einer ersten Entwicklungsphase den Solarstrom ausschließlich für den steigenden Bedarf in Afrika vorzusehen. Die bevölkerungsreichen Länder wie Algerien, Libyen und Ägypten planten damals, mehr Strom mit heimischem Erdgas aus kalorischen Kraftwerken zu erzeugen. Sie könnten den Solarstrom sofort lokal verwenden, und das eingesparte Gas würde mittels Pipelines nach Europa gebracht werden. Dort würde es in modernen Kraft-Wärme-Kopplungsanlagen (KWK) zu Strom und Wärme umgewandelt werden. Europa braucht

Strom und Wärme. Das wäre die energieeffizienteste Übertragung und die optimale Energienutzung für Europa, und der größte Vorteil wäre: Die Pipelines durch das Mittelmeer und die KWK-Anlagen in Europa existierten bereits.

Das sprengte den ambitionierten Rahmen des Projekts. DESERTEC sollte ausschließlich erneuerbare Energien verwenden, und die gesamte Betrachtung war »electricity-only«, nur auf Strom bezogen. Mit anderen Energieformen wollte man sich überhaupt nicht befassen. Erst Jahre später wurden Überlegungen angestellt, zusätzlich aus Strom elektrolytisch erzeugten Wasserstoff einzubeziehen. 2014 stiegen die meisten Unternehmen aus dem Projekt aus, und es wurde still um DESERTEC.

Im kleineren Maßstab haben sich Windräder und Solarmodule bewährt. In einzelnen Zeitabschnitten beträgt der Anteil der Erneuerbaren an der gesamten Stromproduktion in Deutschland schon über 40 Prozent. In Österreich deckt das Burgenland in kürzeren Zeitabschnitten schon 100 Prozent seines Strombedarfs durch Windkraft ab. Dazu war es notwendig, ein umfangreiches Subventionssystem zu entwickeln und die Einspeisungen in das Stromnetz zu privilegieren. Zuerst kommt der neu investierte, erneuerbare

Strom für die Produzenten kostengesichert ins Netz, und erst dann alle anderen etablierten Stromquellen. Das sind mitunter günstigere, erneuerbare Quellen wie die Wasserkraft. Aber so funktioniert das, und der Anteil an Wind- und Solarstrom stieg damit an. Neue Systeme brauchen diesen Start, den politischen und wirtschaftlichen Anschub für ihre Entwicklung und Etablierung. Ohne große öffentliche Förderungen wäre die Kernkraft nie zur Marktreife gelangt, ohne Förderungen und politische Unterstützung wären viele Siedlungen und Häuser heute noch nicht an die Strom- und Gasnetze angeschlossen.

Beeindruckend sind die Preissenkung bei den Solarmodulen und die technologische Entwicklung der Windräder. Beide haben die eigenständige und vollständig absatzkonforme Wirtschaftlichkeit noch lange nicht erreicht. Dazu sind weitere Entwicklungen und Investitionen notwendig. Solange die erneuerbaren Energien mit geringer Kapazität und elitär in das Stromnetz einspeisen, kann ihre Volatilität von den anderen Energieträgern ausgeglichen werden. Bei jedem neuen Windpark oder jeder neu montierten Solaranlage wird auf die Tausenden Haushalte hingewiesen, die damit CO_2-frei versorgt werden. Tatsächlich gibt es keinen einzigen Haushalt, der

in der Nacht oder bei Windstille ohne Strom aus-
kommt. Es handelt sich nur um eine rechnerische,
bilanzielle Größe des Haushaltsverbrauchs und
nicht um die tatsächliche Versorgung. Das Jahr
hat 8760 Stunden, und ein Haushalt bezieht in
allen diesen Stunden Strom aus dem Netz. Die Solarmodule schaffen in Mitteleuropa 800 bis 1000
Volllaststunden, Windräder schaffen 1600 Stunden im Inland und 4000 Stunden in den besten
Lagen im Meer, weit weg von den Verbrauchern.
Wenn die Einspeisung volatiler, erneuerbarer
Energien die etablierten Energieträger weiter
verdrängt, und das ist das Ziel, werden neue
Ausgleichsmechanismen gebraucht. Jede Umwandlung in eine andere Energieform und Rü-
ckumwandlung in Strom verbraucht Energie und
kostet Geld. Die Kosten sind den Verursachern,
den volatilen Energieträgern, zuzurechnen. Diese
Anpassungen an den tatsächlichen Strombedarf
werden entweder durch weitere ambitionierte
Kostensenkungen bezahlt oder durch dauerhafte
zusätzliche, auf die Kunden umgelegte Abgaben
auf den Netzbetrieb subventioniert.

Das Land Tirol deckt seit Jahrzehnten so gut
wie seinen gesamten Strombedarf aus eigener
Wasserkraft. Der Stromüberschuss im Frühjahr
wird nach Süddeutschland verkauft. Im Winter

muss im Gegenzug Kernstrom aus Süddeutschland bezogen werden, um das Land und alle Schilifte in Betrieb zu halten. Der Leitungsverbund ist vorhanden, und bilanziell gleicht sich das gut aus.

Bei einem starken Stromanfall aus lokalen Windparks oder Solaranlagen tritt ein neues Problem auf: Die Stromleitungen, die ursprünglich für die Versorgung gebaut wurden, müssen jetzt die Stromüberschüsse entsorgen, also dort hinbringen, wo der Strom gerade gebraucht wird. Das hat an der Strombörse schon zu negativen Strompreisen geführt. Bei einem hohen Stromanfall aus der Nordsee muss der Strom mitunter durch halb Europa geleitet werden, um Abnehmer zu finden. Das schaffen die vorhandenen Leitungen nicht, dazu müssen neue, effizientere Hochspannungstrassen durch Europa gebaut werden. Das erfordert viel Geld und viel Geduld. Die österreichische Stromnetzgesellschaft APG musste sich über 25 Jahre durch alle rechtlichen Instanzen kämpfen, nur um ein kurzes Stück Leitung durch das Bundesland Salzburg zu bauen.

Stromnetze überziehen bereits jetzt den ganzen europäischen Kontinent und verbinden Millionen Stromquellen mit Millionen Stromkunden. Mit neuen Volatilitäten wird es immer schwieriger, das Gleichgewicht zu halten. Dazu brauchen wir neue, teure Stromnetze für den Transport und wirkungsvolle Ausgleichsmechanismen.

Kritische Verbraucher leben in der Vorstellung, sie könnten einen ganz bestimmten erneuerbaren, ökologischen und besonders grünen Strom zu jeder Zeit und von überall zu sich nach Hause holen und damit die Marktentwicklung steuern. Eine Fair-Trade-Ware kann man im Supermarkt individuell aus dem Regal nehmen und damit direkt Einfluss auf den Verbrauch nehmen. Bei leitungsgebundenen Energien funktioniert das nicht. Ökostrom zu einem höheren Preis erwerben, der nie geliefert wird, gleicht mehr einem ökologischen Ablasshandel.

Differenzierte Marken und Produkte sind der Ausdruck eines entwickelten Marktes, so wie Diskonter und Markentankstellen internationaler Konzerne. Auch hier kommt der alternative Treibstoff aus der gleichen Raffinerie. Strom kann einen unterschiedlichen Preis haben, die Spannung und die Stromstärke an der Steckdose sind immer die gleichen. Eine Steckdose, die mit einem kontinentalen Stromnetz in Verbindung steht, kann einen ganz bestimmten, erwünschten Strom nicht anliefern und jeden anderen, unerwünschten Strom (z. B. Atomstrom) nicht ausschließen. Das ist nur auf einer Strominsel möglich.

Bei Erdgasleitungen gilt das gleiche Prinzip. Zur Minderung der Abhängigkeit von russischem Gas bezieht Österreich seit 40 Jahren viele Milliarden Kubikmeter Erdgas aus Norwegen. Bisher ist kein einziges norwegisches Erdgasmolekül in Österreich angekommen. Die Lieferverpflichtung der Norweger wird in Österreich mit noch mehr russischem Gas, das über Österreich nach Frankreich geliefert werden sollte, abgetauscht. Das norwegische Gas für Österreich geht dafür direkt aus der Nordsee nach Frankreich.

Erneuerbare Stromtechnologien wie Photovoltaik und Windräder sind technologisch noch lange nicht an ihrem Ende angekommen. Wären sie das, werden sie sich nicht durchsetzen. Die Kostensenkung für ein Solarmodul in den letzten Jahren ist beeindruckend; es reicht noch lange nicht.

Die gleichen Erfahrungen machte ich in der Erdölwirtschaft, in der Fernwärme und im Netzbetrieb. Nach jahrzehntelangen Sparprogrammen stöhnten die verantwortlichen Arbeiter und Manager, dass jetzt gar nichts mehr gehe. Es war phänomenal, welche ungeahnte Steigerung der

Produktivität im gesamten System noch möglich war.

Die Solarwelt hat noch einen langen Weg vor sich. Wenn Ökonomen bereits von der Null-Grenzkosten-Gesellschaft schwärmen, weil Solarmodule keine Brennstoffkosten verursachen, sind wir davon weit entfernt. Die Nutzung der Wasserkraft zeigt, dass die Betriebskosten erneuerbarer Energien, selbst ohne Brennstoff, nicht zu vernachlässigen sind. Ein Wasserkraftwerk ist nicht für die Ewigkeit gebaut, es muss nach einiger Zeit komplett neu errichtet werden. Eine zusätzliche Kilowattstunde Strom zu Null-Grenzkosten kann es nicht geben, wenn jeder mögliche Liter des Flusswassers, der für die wirtschaftliche Investitionsrechnung gebraucht wurde, bereits durchgeflossen ist.

Die ersten Solarmodule werden bereits verschrottet, und einige Produzenten sind in Konkurs gegangen. Solare Nutzungen werden in 20 Jahren völlig anders aussehen wie die heute auf Heustadeln aufgepflanzten Systeme. Ein Traum wäre es, wenn man sie überhaupt nicht mehr sähe, weil ein Solarmodul von einem traditionellen roten Dachziegel, einer Holzschindel oder einer beliebigen Fassade nicht mehr unterschieden werden kann.

Die einzelnen Windräder der ersten Generation haben bereits ausgedient, so wie die 40.000 Windmühlen, die Holland in früheren Jahrhunderten besaß und wovon einige noch als Museum oder von Künstlern als schickes Wohnhaus benutzt werden. Der Trend geht zu höheren Masten, zu riesigen Windparks und zur Erfassung von hohen Windstärken und natürlich dorthin, wo sehr viel Wind weht, über tieferen Gewässern, weit weg von den Menschen, die den Strom brauchen.

Ich hatte in meiner beruflichen Verantwortung bereits die ersten Windparks in der Investitionsnachrechnung zu beurteilen. Ein Lerneffekt kam aus der Vereisung der Rotorblätter in alpinen Lagen. Aus Kosten- und energetischen Gründen wurde bei einigen Windrädern auf die Enteisung verzichtet. Nachdem der Stillstand durch Vereisung zu viel wurde, musste nachgerüstet werden. Die Wirtschaftlichkeit war damit endgültig weg, allerdings war die Stromproduktion danach schon fast so hoch wie ursprünglich geplant. Bei Anlagen in der Ebene war nach den ersten Jahren regelmäßig Dürre angesagt: Die Winternte war geringer als in der Wirtschaftlichkeitsrechnung vorgesehen. Das hatte zur Folge, dass die nächsten geplanten Projekte realistischer berechnet und damit nicht mehr errichtet wurden.

Der Vorwurf an die etablierten Energiekonzerne lautet oft, sie würden dem Zug der Zeit zu spät folgen. Ich kann das nicht bestätigen. Alle Energiekonzerne, die ich kenne, haben sich schon frühzeitig mit alternativen Energieformen beschäftigt und ihr Lehrgeld bezahlt. In der ersten Förderungsphase konnten sie nicht mithalten, weil sie für die geförderten Solarmodule keine Bauernhäuser und Heustadeln hatten. Die Subventionen waren z. B. in Bayern so konstruiert, dass sie wegfallende Agrarhilfen ausglichen. Einzelne Windräder in der einsamen Landschaft scheiterten ebenfalls am Mangel an geeigneten Agrarflächen. Erst mit der Einbeziehung großer Windparks in die Förderung konnten die Energiekonzerne richtig loslegen. Staatliche Unterstützungen und Subventionen für ihre Investitionen entgegennehmen, das ist gesichert, das können Großkonzerne allemal.

Ich arbeitete 2008 beim Energieversorger RWE in Essen und Dortmund an den strategischen Fragen der Energietransformation, als dort das Elektroauto erfunden wurde. Nicht der Elektromotor, der ist älter als der Gasmotor. Nicht die Elektromobilität, die gibt es auch schon länger, sondern das vielgepriesene neue Elektroauto für Mann und Frau.

Die Betreiber der Kernkraftwerke in Deutschland verhandelten 2008/09 mit der CDU/CSU- und FDP-geführten Regierung über die Laufzeitverlängerung der Kernkraftwerke, die 2010 auch beschlossen wurde (und elf Monate danach, nach Fukushima, wieder zurückgenommen wurde). Begleitend dazu brauchte man eine überzeugende Geschichte, ein Narrativ. Das Märchen, dass ohne Kernkraftwerke die Lichter ausgehen würden, das war abgelutscht, daran glaubte keiner. Das Elektroauto hingegen war eine großartige Projektion. Im Gegensatz zur öden Heizung im Keller, zur unsichtbaren Wärmeisolierung unter dem Dach und zur unförmigen Energiesparlampe ist das Auto ein hochemotionales Produkt; vielfach das wichtigste Familienmitglied, der stärkste Ausdruck der eigenen Persönlichkeit. Das Auto hat leider noch einen kleinen Makel – den Auspuff und seine Abgase. Besonders die großen, die teuren und schönen Autos sind große Stinker. Das Elektroauto verspricht hingegen die grenzenlose Freiheit, mit billigem, sauberem Strom, völlig ohne Abgase.

Die Begeisterung teilten nicht alle Stromkonzerne, und die Automobilerzeuger waren skeptisch. Nur Mercedes stieg sofort ein, mit dem gleichen Enthusiasmus wie in die Formel 1. Mercedes verkauft kein Formel-1-Auto an Kunden, aber das Vorbild junger Männer, die ihr Leben im Rennauto riskieren, drehte das Image von Großvaters Auto zum modernen, dynamischen Fahrzeug für den jugendlichen, zahlungskräftigen Autofreund. Die Illusion eines Autos ohne Abgase, und wäre sie nur alternativ oder theoretisch, sollte den Absatz großer Autos mit starken Motoren nachhaltig unterstützen.

Aber welchen Beitrag könnte die Elektromobilität für die Reduktion der Treibhausgase tatsächlich leisten?

Gehen wir davon aus, dass gut ein Drittel aller Autos in Mitteleuropa nicht mehr als 35 Kilometer am Tag fährt und in der Nacht acht Stunden geparkt wird. Alle diese Fahrzeuge könnten problemlos auf reine Elektro- und Batterieautos umgestellt werden. Das wäre ein Beitrag zur Verminderung der Abgase in kleineren und mittleren Städten und in den Zentren großer Städte. Welchen Beitrag würden sie aber zur Verminderung der globalen Treibhausgasemissionen leisten? Einen sehr geringen. Schließlich sind das Autos, die am wenigsten gebraucht und gefahren werden. Die CO_2-Emissionen im Transportsektor ergeben sich aus den gefahrenen Kilometern mal dem Gesamtgewicht des Fahrzeugs, gemessen in Tonnenkilometer. Die neuen Batterieautos wären die leichtesten Fahrzeuge, mit der Nutzlast von ein bis zwei Menschen, die unter 35 Kilometer pro Tag fahren. Die Reduktion der globalen CO_2-Emissionen würde bei einer weltweiten Umrüstung dieser PKWs unter einem Prozent bleiben. Und das alles unter der Voraussetzung, dass der zusätzliche Strombedarf für diese Autos zu 100 Prozent aus emissionsfreiem Strom kommt. Das gelingt ansatzweise in Norwegen, Frankreich oder Österreich. Wer derzeit in Deutschland, Tschechien oder Polen ein Elektroauto fährt, ist von Benzin auf Kohle umgestiegen und emittiert mehr CO_2. Allerdings nicht mit dem eigenen Auspuff, sondern durch die Schlote der Kohlekraftwerke, die den Strom produzieren.

Eine erfolgreiche Verringerung der Treibhausgase im Transportsektor müsste auf der anderen Seite ansetzen: beim Güterfernverkehr. Dort werden viele Kilometer gefahren und große Tonnagen bewegt. Die Technologie dazu, die mit 100 Prozent erneuerbarem Strom und optimaler Energienutzung fahren kann, gibt es schon: die Eisenbahn. Der Güterfernverkehr in Europa steigt in den letzten Jahrzehnten sehr stark an, die

Leistung der Eisenbahnen steigt nicht im selben Ausmaß. Ihr Marktanteil sinkt, und die Emissionen aus dem Verkehr steigen. Seit 1990 wurde allein in Deutschland ein Fünftel der Schienenwege, über 6000 Kilometer, stillgelegt. Das muss dringend geändert werden.

Bei der Entwicklung neuer Technologien sind Rückschläge nicht auszuschließen. Meist wird die Entwicklungszeit viel zu optimistisch angesetzt. Das zeigte sich auch bei den Entwicklungen zur Abscheidung und zur Speicherung von CO_2. RWE hatte direkt neben seinen Braunkohlekraftwerken im Rheinland mit den besten Technologen des Landes in eine Pilotanlage investiert, in der Absicht, in wenigen Jahren das erste CO_2-freie Steinkohlekraftwerk der Welt zu errichten. Auf der Suche nach einem geeigneten CO_2-Speicher in Norddeutschland bildete sich sofort heftiger politischer Widerstand. Die Pläne wurden eingestellt. Die Euphorie in den USA, dass mit »Clean Coal«, also emissionsfreien Kohletechnologien, alle CO_2-Absenkungsziele erfüllt werden, hat sich vorerst zerschlagen. Ich habe 2007 in Norwegen die bis dahin teuerste CO_2-Trennungsanlage der Welt in Mongstad besucht. Für diese Anlage haben einige der Topunternehmen der Öl- und Kohlewirtschaft mit großzügiger staatlicher

Unterstützung Hunderte Millionen in die Forschung der CO_2-Abscheidung investiert.

Die Absicht, mit den gewonnenen Erkenntnissen eine erste industrielle Anlage für das Kraftwerk der nahen Raffinerie zu bauen, wurde 2013 aufgegeben. Damit verzögert sich der Bau des ersten CO_2-freien Kohlekraftwerks der Welt weiter. In diese Richtung sind die Entwicklungen dringend zu verstärken, sonst können wir die Kohle endgültig und möglichst rasch vergessen.

Biomasse wird gerne als nachwachsende Energie angepriesen und für CO_2-frei erklärt. Nachwachsend heißt noch lange nicht unerschöpflich. Ich hatte die Verantwortung für eine Wärme- und Stromerzeugung im Allgäu. Befeuert wurde die Anlage mit Holzabfällen, die aus den lokalen bayerischen Staatsforsten kommen sollten. Diese waren aber bald leergeräumt, oder der begehrte Brennstoff wurde gewinnbringender nach Italien exportiert. Es stellte sich die Frage, woher das Holz jetzt kommen sollte. Dafür gab es inzwischen einen liquiden globalen Markt. Süd- und Nordamerika waren preislich attraktiv, leider hatten wir keinen direkten Eisenbahnanschluss im Allgäu, sodass nach dem LKW in Amerika, dem Schiff nach Rotterdam, der Eisenbahn nach Süddeutschland noch ein Stück LKW-Transport notwendig war. Damit waren die Gesamtkosten etwas zu hoch. Das Brennholz wurde daher gleich auf der Straße aus Osteuropa herangekarrt.

Die größten Frustrationen habe ich bei den Betreibern von geothermischen Projekten miterlebt. Mit der Erfahrung aus der Erdölwirtschaft waren mir die technischen und geologischen Schwierigkeiten stets klar. Beim Erdöl ist nur jede zehnte Bohrung erfolgreich. Aber für die hoffnungsvollen Investoren war die Erschließung der Tiefenwärme wie ein Goldrausch. Es klingt so simpel: Man bohrt ein Loch in die Erde und kommt so zu Wärme, mit der man heizen und sogar Strom erzeugen kann. Tatsächlich wird es immer wärmer, je tiefer man bohrt, und häufig stößt man auf irgendeine wasserführende geologische Schicht. Einige moderne Ressorts und Thermalbäder sind das Ergebnis von Fehlbohrungen aus der Erdölerkundung, bei denen kein Öl, dafür aber geringe Mengen warmen Wassers gefunden wurden. Gezielt große, nachfließende und richtig heiße Wasserführungen (über 100 Grad Celsius) zu finden, ist schwieriger und hochriskant.

In Wien sollte 2012 ein ganz neuer Stadtteil mit emissionsfreier Geothermie beheizt werden, und die Bohrung war bereits im Gange, als ich dazukam. Ich bewunderte die Risikobereitschaft der Beteiligten, mahnte zur Zurückhaltung und war der Meinung, man sollte dringend über Alternativen nachdenken. Die Verantwortlichen gingen von einem 100-prozentigen Erfolg des Projekts aus. Eine Versicherung war sogar bereit, dafür zu bürgen. Die Enttäuschung war riesig, als die Bohrung abgebrochen werden musste, weil keine wasserführende Schicht angetroffen wurde. Die gewünschte geologische Formation war dort nicht vorhanden. Das im Versicherungsvertrag vorgesehene Fracking der dichten Gesteinsschicht mit einigen Kesselwagen Salzsäure erübrigte sich. Ich habe daraufhin den Schwerpunkt vorerst auf die Erforschung der geologischen Grundlagen des weiteren Einzugsgebiets verlagert. Das sollte mehr Sicherheit für das nächste Bohrprojekt bringen.

Was uns noch fehlt, ist die universelle Superlösung aller energetischen Probleme der Menschheit. Die Modellierungen einer raschen Lösung greifen daher gerne zum Sciencefictioning, der Unterstellung, wir könnten schon bald auf bahnbrechende Technologien zugreifen und diese innerhalb kürzester Zeit weltweit einsetzen.

Mit der Kernfusion von Wasserstoffatomen zu Helium besitzen wir mitten in unserem

Planentensystem, auf der Sonne, eine Technologie für nahezu unbegrenzte Energieproduktion. Alle erneuerbaren Energien auf der Erde, wie die Solarthermie, Photovoltaik, Windenergie und Wasserkraft, sind letztendlich aus der Sonnenenergie abgeleitet. Nur bei den Gezeitenkraftwerken spielt noch der Mond mit.

Wenn wir es technologisch schaffen, auf der Erde die Kernfusion der Sonne nachzuspielen, hätten wir energetisch ausgesorgt. Denn Wasserstoff aus der Elektrolyse von Wasser oder aus der Pyrolyse von Methan haben wir genug. Und bei der Kernfusion von Wasserstoffatomen entsteht kein CO_2. Was dafür noch fehlt, sind die Umweltbedingungen auf der Sonne: eine Temperatur von 15 Milliarden Grad Celsius und ein Druck von 250 Milliarden Bar. Das ist die Herausforderung.

Den gleichen Durchbruch erwarteten viele vor über 50 Jahren aus der Kernspaltung. Die Kernkraftwerke konnten diese Hoffnung aber selbst mit größten Konzessionen an die Sicherheit und die Integrität der Umwelt nicht erfüllen. Der Anteil der Kernenergie an der Weltenergieversorgung stagniert und war nie höher als vier Prozent.

Wenn wir die Energieversorgung aus der Verbrennung von Kohlenstoffmolekülen vollständig verlassen wollen, werden wir um die Energie aus dem atomaren Aufbau der Materie nicht herumkommen. Von der Verfügbarkeit der Kernfusion sind wir noch weit entfernt. Technologische Durchbrüche sind das Ergebnis aufwendiger, langwieriger Forschungsarbeit. Aber bleiben wir beim Sciencefictioning. Unterstellen wir, es gelingt einem schrulligen Professor schon morgen in seinem Hinterhoflabor die »kalte Fusion«. Die anschließende Versorgung der gesamten Menschheit mit dieser Energie, die Verbannung aller fossilen Energien und die erfolgreiche Entfernung der durch den Menschen verursachten Treibhausgase aus der Atmosphäre, das ist noch immer ein riesiges Universum für richtig gute, international kooperative, staatlich geförderte Forschung und Entwicklung.

☞ **Was können Sie tun?**

Freuen Sie sich über die Nutzung der Wasserkraft. Damit wird das Klima geschützt, und Sie bekommen zusätzlich einen Hochwasserschutz und einen schönen See für Wochenendausflüge. Das erforderte manchmal brutale Eingriffe in die Natur- und Kulturlandschaften. Aus dem tiefblauen Reschensee im Vinschgau schaut nur noch die Spitze des Kirchturms raus – dort, wo früher Menschen wohnten.

Erkennen und verstehen Sie die Abwägungen! Alle Energieformen haben Vorteile und Nachteile, auch die erneuerbaren Energien.

Ziehen Sie sich nicht auf eine einsame Strominsel zurück. Den klimaschonenden Umbau der Stromerzeugung werden Sie nur mit allen anderen Stromkunden im Netz gemeinsam schaffen.

Sie müssen kein Elektroauto fahren. Lassen Sie lieber Ihre Güter klimaschonend mit dem Zug und mit dem Schiff reisen. Wenn grüner Spargel, Erdbeeren oder Schnittblumen im Flugzeug zu Ihnen kommen, können Sie genauso gut mit einem SUV kurze Strecken durch die Innenstadt fahren.

Meiden Sie unreife Technologien, die mehr versprechen als sie halten. Sobald sie ausgereift sind, werden sie Ihnen alternativlos zufliegen.

Wasserstoff sollte irgendwann einmal Ihre große Liebe werden. Stoßen Sie sich nicht daran, dass Wasserstoff das primitivste chemische Element und die dominierende Masse im Universum ist. Sie wollen die neue Liebe ja nur verbrennen. Und das geht mit Wasserstoff sehr gut und ganz ohne CO_2-Emissionen.

6. WIE VIEL ZEIT BLEIBT UNS NOCH – UND WIE GEHEN WIR DAS JETZT AN?

Es gibt ökonomische Modelle, die den Zeitrahmen für die Bekämpfung des Klimawandels errechnen. Sie kalkulieren ein CO_2-Restbudget für die Welt und die Kosten der Schäden, die der fortgesetzte Klimawandel verursacht, und stellen diesen die Kosten für die Gegenmaßnahmen gegenüber. Je länger sich effektive Maßnahmen gegen den Klimawandel verzögern, umso höher werden die Schadenskosten, je schneller und je heftiger gegen den Klimawandel investiert wird, umso höher sind die Vermeidungskosten. Irgendwann im Laufe dieses Jahrhunderts schneiden sich die Kurven, weil das die Rechenregeln der Modelle so vorsehen. Die Additionen und Subtraktionen der Kosten sind selten falsch. In allen Annahmen und Szenarien stecken enorme Erwartungen und Spekulationen in der Umsetzung.

Komplexe und ehrgeizige Projekte neigen dazu, sich in der Fertigstellung zu verspäten und die geplanten Kosten zu überschreiten. Was für die Fertigstellung des Berliner Flughafens galt, sollte bei der globalen Bekämpfung des Klimawandels nicht anders sein. Schließlich handelt es sich um das ambitionierteste globale Projekt der Menschheitsgeschichte.

Wir stoppen die Klimaerwärmung auf plus zwei Grad bis 2100

Einige Modelle wollen bereits 2030 die Hauptlasten des Klimawandels beendet sehen. Das halte ich für aussichtslos. Andere nehmen die Jahre 2040 oder 2050 ins Visier. Wir werden mehr Zeit brauchen, denn die Aufgabe ist gewaltig. Bis 2100 sollten wir den Klimawandel nachhaltig im Griff und die Erwärmung auf zwei Grad begrenzt haben.

Wenn wir völlig versagen und alle pessimistischen Prognosen eintreten, dann landen wir 2100 bei einer erhöhten Durchschnittstemperatur von weltweit vier bis fünf Grad. Das wäre die Klimakatastrophe. Vieles auf der Welt wird dann anders und schwieriger werden, aber es wird nicht der Weltuntergang und das Ende der Menschheit auf diesem Planeten sein.

Die Erde ohne Menschen hat schon viel höhere Temperaturen und mehr CO_2 in der Atmosphäre ausgehalten, aber das interessiert uns nicht. Wir stellen den Menschen und seine volle Integrität in den Mittelpunkt: Kein Mensch soll am vom Menschen verursachten Klimawandel erkranken oder sterben. Jeder soll die Chance auf ein besseres Leben im Wohlstand haben. Dafür müssen wir bis 2100 den Temperaturanstieg endgültig stoppen und mit der Reduktion des CO_2-Anteils in der Atmosphäre fortfahren, um wieder das Gleichgewicht der vorindustriellen Zeit zu erreichen. Das ist das Ziel, und als Jahrhundertaufgabe ist das machbar.

Wir haben noch einige andere Probleme zu lösen

Es gibt Naturkatastrophen, die nichts mit dem Klima zu tun haben, wie die Erdbeben und Tsunamis 2004 im Indischen Ozean und 2011 östlich von Honshu/Japan mit Hunderttausenden Toten innerhalb weniger Stunden. Gegen solche Katastrophen müssen wir Vorsorge treffen. Wenn ein höherer Meeresspiegel, verursacht durch den Klimawandel, küstennahe Gebiete zusätzlich bedroht, sollten wir sie durch Deiche schützen. Diese bewahren die Menschen auch gegen die Auswirkungen von Tsunamis und Tropenstürmen.

Wir brauchen eine wirkungsvolle globale Katastrophenhilfe, genauso wie wir in jedem Dorf eine Feuerwehr brauchen, weil unsere Häuser und Städte nicht unbrennbar sind.

Weltweit sterben Millionen Menschen an Armut, Unterernährung, Krankheit und Mangel an medizinischer Versorgung. Alle Vorkehrungen zum Schutz dagegen sind umso notwendiger, wenn wir Wetterextreme oder Dürren erwarten. Die Waldflächen der Erde, die Meere und Naturreservate sind in ihrer Vielfalt noch mehr zu schützen, wenn wir darangehen, die fossilen Energieträger mit einem hohen Verbrauch von Landschaft und Lebensraum zurückzudrängen.

Elitäre Lösungen und alternativer Lifestyle schaden nicht

Die Dekarbonisierung der Energieversorgung der Welt ist keine Aufgabe, die bei einem Bier oder durch proklamierte Untätigkeit gelöst werden kann. Streik und Widerstand sind positiv, um das Wissen und die Bereitschaft für eine aktive Klimapolitik aufzuzeigen, zu organisieren und zu verbreitern. Energetische Lösungen, die nicht massentauglich sind und nur für eine Minderheit funktionieren, können inspirierend sein für die Entwicklung besserer Technologien für alle.

Konsumverzicht, Naturschutz, Tierschutz, Veggiedays, Plastikverbote, Mülltrennung und Fahrradfahren haben ihre positiven Seiten, die nicht mit dem Klimaschutz begründet werden müssen. Sie sollten allerdings nicht als Alibilösung für den wirkungsvollen Klimaschutz herhalten.

Der radikale Umbau der weltweiten Energieversorgung auf emissionsarme und emissionsfreie Technologien ist keine gymnastische Übung, sondern harte Arbeit, die Ressourcen verbraucht und viel Ausdauer verlangt. Radikaler Umbau heißt weitreichende, schöpferische Zerstörung bestehender Infrastrukturen, die bewusste Wertvernichtung etablierter Anlagen und Einrichtungen, Abwracken und Demolieren, Schreddern und Deponieren, ganz viel Forschen und Entwickeln, Finanzieren und Investieren, auch müssen neue Fabriken errichtet und es muss produziert werden, Bagger müssen aufgefahren und Kräne aufgestellt werden, dazu kommen das große Betonieren und das Schweißen von neuen Energieanlagen, Verkehrswegen und Siedlungen. Kurz: Blut, Schweiß und Tränen einer Industriegesellschaft.

Markt oder Staat? Na, beides!

Die Aufgabe, vor der wir stehen, ist groß genug. Entweder wir bauen die Energieversorgung komplett um, indem wir Technologien einsetzen, die wir noch erforschen und entwickeln müssen. Oder wir retten das Klima durch einen noch nie gesehenen Umbau aller Häuser, Verkehrswege, Fahrzeuge, Kraftwerke, Fabriken und Äcker der Welt nur auf der Grundlage vorhandener Technologien und Werkstoffe wie Glaswolle, Polystyrol, Dreifachverglasung, Batterien, Elektromotoren, Siliziumzellen, Windräder und Biogas. Dafür wird jede verfügbare Organisationsform gebraucht: Staat, Markt, NGO, Armee, Verein, Nachbarschaftshilfe und Eigeninitiative.

Der Marktmechanismus, basierend auf Konkurrenz und Profitstreben, ist mitunter ein praktischer Mechanismus für die Mobilisierung von Ressourcen und die Verteilung von Gütern und Dienstleistungen. Teile des energetischen Umbaus können unternehmerisch umgesetzt werden. Der Markt muss allerdings vernünftig konstruiert sein, um die vorgesehene Aufgabe zu erfüllen. Das ist beim europäischen Emissionsrechtehandel (EU-ETS) mächtig schiefgelaufen. Dazu wurden zu viele Zertifikate an große

Emittenten gratis ausgegeben. Der Preis für die Verschmutzung blieb nachhaltig niedrig und ist nicht mehr korrigierbar.

In der Vergangenheit sind große Kraftwerkprojekte, Transport- und Verteilnetze, die Erschließung neuer Technologien und der Umweltschutz durch staatliche Planung und Finanzierung zustande gekommen. Die Ausführung der Projekte lag oft bei privaten Unternehmen, die sich nicht wettbewerblich, sondern in Konsortien organisierten. Durch die zunehmende Unsicherheit am Energiemarkt sind private Investoren nicht mehr gewillt, das rechtliche, technische und ökonomische Risiko zu übernehmen. Hier wird nach dem Staat gerufen.

Bei einer globalen Jahrhundertaufgabe erübrigt sich der Streit über die einzig richtige Organisationsform. Städte, Bundesländer, Staaten und Unionen müssen bei der Umsetzung ihrer Maßnahmen für den Klimaschutz im Zeitverlauf experimentieren und variieren, um ans Ziel zu gelangen.

Demokratische Partizipation statt Notstand

Der Generalsekretär der UNO, das Europäische Parlament und einzelne Kommunen haben den

Klimanotstand ausgerufen. Das bedeutet, dass alle zukünftigen Beschlüsse und Maßnahmen unter dem Gesichtspunkt der Bekämpfung des Klimawandels zu bewerten sind. Das bedeutet ebenso, dass andere Interessen zurückstehen müssen, bis das Klima gerettet ist. Das klingt aus der historischen Erfahrung nach kriegswirtschaftlicher Organisation, weshalb das österreichische Parlament und der Berliner Senat semantisch auf eine »Klimanotlage« ausweichen. Die Bekämpfung des Klimawandels ist eine langfristige Aufgabe. Ein 100-jähriger Kriegszustand und eine Einschränkung der demokratischen Entwicklung wären fatal. Das wäre das Ende der Demokratie. Die engagierte Teilhabe möglichst vieler Menschen und Interessen ist für den Erfolg notwendig, ebenso der demokratische Diskurs. So überzeugend sind die erstbesten Lösungen nicht immer. Ob tatsächlich eine erdverkabelte Hochspannungsleitung auf einer bestimmten Trasse die beste und einzige Möglichkeit ist, um Energie zu transportieren, darüber kann gerne intensiv und möglichst kurz gestritten werden, anschließend muss aber bitte entschieden werden!

Sozialer Ausgleich statt Umverteilung

Es wird gerne darauf verwiesen, dass die Ärmsten der Armen vom Klimawandel am stärksten getroffen werden. Keine der Lösungen des Klimawandels liefert die soziale Ausgewogenheit und Gerechtigkeit automatisch mit. Im Gegenteil. Das zeigte sich sehr konzentriert in Paris. Nachdem dort 2015 das globale Klimaübereinkommen von 194 Staaten beschlossen wurde, hat die französische Regierung unter Präsident Emmanuel Macron – die positive Stimmung zum Klimaschutz ausnutzend – einen Zuschlag zum Benzin- und Dieselpreis eingeführt. Ein paar Cent mehr hätten kaum zur Verringerung der CO_2-Emissionen geführt. Als Massensteuer sollte unter dem Titel Klimaschutz einfach abgeschöpft werden. Das führte in ganz Frankreich zu den stärksten Protesten seit 1968 und am Ende zur Verschiebung der degressiven Steuer.

Der Ausbau der erneuerbaren Energien in Deutschland, Österreich und der Schweiz wird durch einen Zuschlag zur Netznutzung finanziert. Belastet werden in erster Linie die kleinen Haushalte. Eine geförderte Photovoltaikanlage auf dem Dach einer Villa in Südhanglage kann, optimal organisiert, für den Besitzer zu null

Stromkosten führen. Dieser Strom wird vom Strombezieher im städtischen Mehrgeschoßbau in seiner Abrechnung mitbezahlt.

Klimaschützer wie die kanadische Autorin Naomi Klein und die New Yorker Abgeordnete Alexandria Ocasio-Cortez sehen weltweit die einzige Chance für eine erfolgreiche Bekämpfung der Klimaerwärmung in einem Green New Deal, in einer gerechteren, solidarischen Umgestaltung der herrschenden Industriegesellschaft. Ein kluges Konzept, mit der Klimafrage gleich die soziale Frage zu lösen. Die bisherige Praxis des Klimaschutzes zeigt das Gegenteil, nämlich eine begleitende Umverteilung von unten nach oben. Für jede vorhandene und jede zukünftige Ausführung der Klimapolitik muss der soziale Ausgleich zusätzlich heftig erstritten werden. Mit oder ohne gelben Westen.

Abgaben und Steuern, die erfolgreicher steuern

CO_2-Steuern und handelbare Zertifikate auf Emissionen haben bisher wenig bewirkt. Allenfalls wurde von den Endverbrauchern eine zusätzliche Steuer eingehoben. Raum dafür war gegeben, denn Energie, Flugreisen, Importwaren oder Fleisch sind für größere Bevölkerungsteile zugänglich und billiger geworden. Die CO_2-Einsparungen durch Verzicht sind marginal, denn emissionslose Konsumalternativen sind kaum vorhanden. In Ländern mit besonders hohen CO_2-Abgaben wie Frankreich, der Schweiz und Schweden werden damit bestenfalls die bestehenden Strukturen der Kernenergienutzung stabilisiert. Trotzdem sollten alle CO_2-Bepreisungssysteme aufrecht bleiben und weiter mit ihnen experimentiert werden. Die Einführung einer global koordinierten CO_2-Steuer, die in stark emittierenden Ländern höher ausfallen muss als in jenen mit geringeren Emissionen, wäre ein wahres Weltwunder. Spezifisch treffender wäre die Kapitaltransaktions- und Vermögenssteuer mit oder ohne Bezug zu CO_2-Emissionen. Diese kann länderweise eingeführt werden. Damit könnten die Wertverluste aus der vorzeitigen Abschreibung und Schließung von Kohlekraftwerken und Bergwerken für die Eigentümer kompensiert werden. Zusätzlich könnten viel mehr Mittel in die weltweite Forschung und Entwicklung von Energiealternativen gesteckt werden. Davon profitieren wieder Investoren, deren Kapital und Kapitaltransaktionen.

Finanzieren mittels Wachstum

Die wirtschaftliche Krise in Europa zu Beginn des Jahrhunderts hat die CO_2-Emissionen geringfügig und kurzfristig in ihrem Zuwachs eingebremst. Als nachhaltiges Erfolgsmodell zur Bekämpfung des Klimawandels ist das Schrumpfen von Wirtschaft und Wohlstand nicht geeignet. Der Klimaschutz muss durch wirtschaftliches Wachstum in den Industriestaaten und in den Entwicklungsstaaten finanziell ausgestattet werden. Kapital ist weltweit kein knappes Gut mehr, dringend gesucht werden sichere und rentable Veranlagungen. Der energetische Umbau der Welt erfordert hohe Investitionen, Beschäftigung und nachhaltigen Konsum bis zum Ende des Jahrhunderts.

Große Ressourcen für Forschung und industrielle Produktion gehen weltweit in den militärischen Sektor. Dieser hat hinlänglich bewiesen, dass er innovative, neue Technologien im großen Maßstab entwickeln, erproben und produzieren kann. Daher sollten die militärischen Ausgaben – wie in einigen europäischen Ländern bereits geplant – weiter erhöht werden, und zwar für die militärische Forschung und für die staatlichen Bestellungen von Rüstungsgütern aus dem militärisch-industriellen Komplex. Vorher sollte aber noch der Klimawandel zum Feind erklärt werden, der prioritär zu bekämpfen ist. Jetzt gilt es einmal, den Planeten zu verteidigen.

Forschen, forschen, forschen

Für die erfolgreiche Bekämpfung des Klimawandels haben wir eine eklatante Wissens- und Technologielücke, in erster Linie in der Energieerzeugung. Diese kann nur durch gezielte Innovation, massive Forschung und Entwicklung geschlossen werden. Dazu müssen die Mittel nicht wie in den letzten Jahren eingeschränkt, sondern vervielfältigt werden. Nach den Energieschocks in den 1970er- und 1980er-Jahren wurde im Vergleich mehr geforscht. Wir brauchen eine globale, arbeitsteilige Mobilisierung, welche die bisherigen Spitzenleistungen der Menschheit, wie die Entwicklung der Atombombe, das Sputnik- und das Apolloprogramm, vergessen lassen. Die brillantesten und engagiertesten Köpfe müssen für den Energiesektor mobilisiert werden. Von Schul- und Unistreiks direkt in die Labore und Pilotanlagen. Das Forschungsfeld ist enorm breit, von den Energiealternativen, allen nicht emittierenden Energien, deren Erzeugung, Transport und Speicherung bis zu den Abscheidungs- und Speichertechnologien (CCS, Carbon Capture and Sequestration) sowie den Technologien für negative Emissionen (CDR, Carbon Dioxide Removal). Nicht jeder Forschungsauftrag und jede Entwicklungslinie wird zum Erfolg führen. Das macht nichts. Falsch wäre es, bestimmte Forschungen nicht zu betreiben. Forschung ist vergleichsweise billiger, als schwache Technologien weiterhin breit auszurollen.

Das gilt auch für das Geoengineering. Das sind unausgegorene, mitunter gefährliche Konzepte, wie das großflächige Einbringen von Schwefeldioxid in die Atmosphäre, die Überdüngung der Meere und die Erhöhung der Reflexionsfähigkeit zu Land und zu Meer. Als strategische Reserve, falls sich der Klimawandel progressiv verstärkt, sollten diese Projekte in den Köpfen, Laboren und Rechnern fertig entwickelt werden. Alle im globalen Einsatz verbundenen Auswirkungen sollten verantwortlich abgeschätzt und anschließend in den wissenschaftlichen Arsenalen für den strategischen Notfall gebunkert werden.

Das eine oder andere prominente Forschungsprogramm sollte vorerst verschoben werden. Der Mars kann warten. Forscherinnen und Forscher aller Länder, wir haben ein Problem! Auf der Erde.

© Julius_Hirtzberger

Dipl.-Ing. Marc H. Hall

Geboren in England. Längere Aufenthalte in Deutschland, Österreich und Tschechien. Studium in Wien, Graz, Oxford und Dallas.

Topmanager in der OMV AG, RWE Energy AG, bei der Bayerngas GmbH und der Wiener Stadtwerke AG. Funktionen im Bundesverband der Energie- und Wasserwirtschaft (BDEW), im Deutschen Verein des Gas- und Wasserfaches (DVGW) und bei der International Gas Union (IGU). Langjährige, internationale Vortragstätigkeit.

Lebt als Berater und Autor in Wien.

In der Reihe »Streitschriften« nehmen renommierte Persönlichkeiten pointiert zu brisanten Themen Stellung, um einen notwendigen weiterführenden Diskurs anzuregen.

Bisher sind folgende Bände erschienen:

Bd. 1: Andreas Unterberger:
Schafft die Politik ab!

Bd. 2: Martina Salomon:
Iss oder stirb (nicht)!

Bd. 3: Alexander Purger:
Nieder mit dem Zentralismus!

Bd. 4: Hans Winkler:
Herausforderung Migration

Bd. 5: Wolfgang Kühnelt:
Nachspielzeit. Die sieben Todsünden des österreichischen Fußballs

Bd. 6: Othmar Karas / Hans Winkler:
Europa am Ende? Zwei Meinungen

Bd. 7: Rahim Taghizadegan:
*Geld her oder es kracht!
Was jede(r) über Geld jetzt wissen muss!*

Bd. 8: Anton Pelinka:
Die Sozialdemokratie – ab ins Museum?

Bd. 9: Christian Burger:
*Sch(m)utz im Netz.
Warum wir digitale Masken brauchen*